乌梁素海湿地微生物群落结构及其空间异质性研究

武琳慧　著

中国原子能出版社

图书在版编目（CIP）数据

乌梁素海湿地微生物群落结构及其空间异质性研究 /
武琳慧著. -- 北京：中国原子能出版社，2024. 10.
ISBN 978-7-5221-3715-5

Ⅰ. S154.36

中国国家版本馆 CIP 数据核字第 2024J9X409 号

乌梁素海湿地微生物群落结构及其空间异质性研究

出版发行	中国原子能出版社（北京市海淀区阜成路 43 号　100048）
责任编辑	陈　喆
责任印制	赵　明
印　　刷	北京天恒嘉业印刷有限公司
经　　销	全国新华书店
开　　本	787 mm×1092 mm　1/16
印　　张	7.625
字　　数	107 千字
版　　次	2024 年 10 月第 1 版　2024 年 10 月第 1 次印刷
书　　号	ISBN 978-7-5221-3715-5　　定　价　48.00 元

作者简介

武琳慧，女，汉族，1982 年 11 月出生，籍贯内蒙古自治区呼和浩特市。博士研究生，副教授，硕士生导师。2004 年毕业于内蒙古大学生态与环境科学系，同年免试推荐到华东师范大学环境科学系攻读研究生。2007 年毕业后回内蒙古大学环境与资源学院任教。2010—2014 年，于内蒙古大学生命科学学院攻读微生物博士。2012—2013 年，赴澳大利亚联邦科学与工业研究组织做访问学者。主要研究方向为微生物生态学、湿地环境碳氮循环机理研究、温室气体减排、富营养化水体污染微生物学净化机制。主持国家自然科学基金和内蒙古科技项目 10 余项；参加国家重点研发项目、科技部 973 项目、科技部"十二五"科技支撑项目、国家自然科学基金项目等 30 多项。发表论文 30 余篇，其中 SCI 收录 5 篇、EI 收录 4 篇，参编专著 1 部。

前　言

　　土壤微生物是全球生态系统重要的组成部分，它们对环境的变化非常敏感，是评价自然或人为对土壤环境干扰的重要指示因子之一。揭示微生物群落的多样性与功能，探究微生物群落与所处生态系统的相互影响机制，对整个生态系统的研究具有重要意义。乌梁素海湿地是世界上同纬度面积最大的自然湿地。近年来，受农业面源污染及湖泊沼泽化的影响，乌梁素海湿地呈现退化趋势，开展对乌梁素海湿地的研究对维持河套平原生态系统平衡有重要作用。

　　本研究在乌梁素海湿地设置一条垂直湖岸线的纵向样带，选择湿地具有代表性的 4 种植物类型土壤：芦苇、盐爪爪、碱蓬、白刺作为研究样地。同时，采集不同地理位置湿地沉积物样品作为研究样地。通过测定土壤及沉积物的 pH、含水量、有机碳、总氮、总磷等，研究乌梁素海湿地基质理化性质的变化规律。通过传统培养与现代微生物分子生态技术相结合，研究湿地可培养微生物的数量及分布规律，揭示乌梁素海湿地细菌的群落结构及其分布动态，分析湿地优势菌群的多样性及其丰度。以期从湿地基质种类多样性、可培养微生物数量及细菌群落结构的角度，揭示微生物分布的空间异质性成因及与其环境因子的耦合机制，为湿地生态系统的保护及恢复工作提供重要的理论依据，同时也对湿地生态系统的可持续利用、开发湿地微生物资源具有一定的应用价值。

　　对湿地理化性质分析可知，湿地土壤属于强碱性环境。从芦苇样地到白刺样地，土壤含水率逐步降低，反映出采样区域由湖滨向陆相的过渡，说明植物群落与土壤水分有一定关系。乌梁素海湿地土壤营养元素含量处于较低水平。沉积物的 pH 也比较高，但与湿地土壤相比，碱性程度相对较弱。沉积物样品含水率极高。沉积物有机碳含量最高样点要比湿地土壤高出 14 倍左右。沉积物中碳氮比值在 2～11，比湿地土壤 0.5～1 高很多。沉积物总磷含量与湿地土壤相比无显著性差异。

对乌梁素海湿地可培养微生物的数量和分布特征进行研究，结果表明，强碱性湿地土壤好气性细菌数量占绝对优势，真菌数量少。湿地土壤不同植物群落土壤中，白刺样地各类微生物类群（好气性细菌、芽孢型细菌、放线菌和真菌）数量最多；盐爪爪样地各类微生物数量最少。碱性且通气性差的沉积物环境好气性细菌数量占微生物总量比例最高，真菌数量少。在沉积物不同采样点中，好气性细菌数量在 BW2 样点和 XHK 样点最高；芽孢型细菌数量在 TS 样点和 BW1 样点最多；放线菌数量在 TS 样点最多；真菌数量在 HGB 样点最多。

应用高通量测序方法分析了乌梁素海湿地细菌的群落结构特征。根据各样地获得的序列数和覆盖度的计算，表明本研究获取的序列信息能够反映该区域细菌群落的种类和结构。

在湿地不同植物群落土壤中，所得序列主要的门包括变形菌门（Proteobacteria）、拟杆菌门（Bacteroidetes）、放线菌门（Actinobacteria）、绿弯菌门（Chloroflexi）、厚壁菌门（Firmicutes）、芽单胞菌门（Gemmatimonadetes）、酸杆菌门（Acidobacteria）。湿地不同植物群落土壤中的主要细菌群落结构表现出明显空间异质性：放线菌门（Actinobacteria）的相对含量随着采样梯度从芦苇样点的 1.85% 增加到白刺样点的 16.39%，而拟杆菌门（Bacteroidetes）的相对含量从芦苇样点的 11.39% 下降到白刺样点的 6.45%。δ-变形菌纲（Delta-proteobacteria）在芦苇样点和盐爪爪样点中分布最广，但在碱蓬样点和白刺样点却分别是ε-变形菌纲（Epsilon-proteobacteria）、

γ-变形菌纲（Gamma-proteobacteria）分布最为丰富。细菌分布与理化性质的相关关系说明，影响细菌分布的主要因素为含水率、总氮和总磷。

沉积物样品所获得的序列主要的门包括变形菌门（Proteobacteria）、拟杆菌门（Bacteroidetes）、绿弯菌门（Chloroflexi）、厚壁菌门（Firmicutes）、酸杆菌门（Acidobacteria）和浮霉菌门（Planctomycetes）。与湿地土壤细菌群落相比，放线菌门（Actinobacteria）和芽单胞菌门（Gemmatimonadetes）不再是优势类群，而沉积物所处的特殊环境使得浮霉菌门（Planctomycetes）成为优势类群。从细菌分布与理化性质的相关关系分析看出，在沉积物样品中，影响细菌群落分布的主要因素为总氮与总磷。

本书选题新颖独到、结构科学合理、内容丰富翔实，对于湿地生态学、微生物学等领域的研究工作具有一定的参考价值，可作为相关专业科研学者和工作人员的参考用书。

作者在本书的写作过程中，参考引用了一些国内外学者的相关研究成果，也得到了许多专家和同行的帮助和支持，在此表示诚挚的感谢。由于作者的专业领域和研究环境所限，加之研究水平有限，本书难以做到全面系统，谬误之处在所难免，敬请同行和读者提出宝贵意见。

目　录

第1章　引言 …………………………………………………………………1

 1.1　土壤微生物多样性研究进展 ……………………………………2

 1.2　高通量测序技术研究进展 …………………………………………9

 1.3　乌梁素海湿地研究进展 ……………………………………………14

 1.4　本研究的目的和意义 ………………………………………………19

第2章　乌梁素海湿地基质理化性质分析 …………………………21

 2.1　前言 …………………………………………………………………22

 2.2　研究方法 ……………………………………………………………23

 2.3　结果与分析 …………………………………………………………28

 2.4　小结 …………………………………………………………………33

第3章　乌梁素海湿地可培养微生物的数量与分布 ……………35

 3.1　前言 …………………………………………………………………36

 3.2　研究方法 ……………………………………………………………36

 3.3　结果与分析 …………………………………………………………40

 3.4　小结 …………………………………………………………………51

第 4 章 乌梁素海湿地细菌群落结构分析 ……………………… 53

    4.1 前言 ………………………………………………… 54

    4.2 研究方法 …………………………………………… 55

    4.3 结果与分析 ………………………………………… 57

    4.4 小结 ………………………………………………… 82

第 5 章 结论与建议 ……………………………………………… 85

    5.1 结论 ………………………………………………… 86

    5.2 创新点 ……………………………………………… 88

    5.3 研究展望 …………………………………………… 89

参考文献 ……………………………………………………………… 90

附录 乌梁素海湿地样点照片 ………………………………… 108

第1章 引言

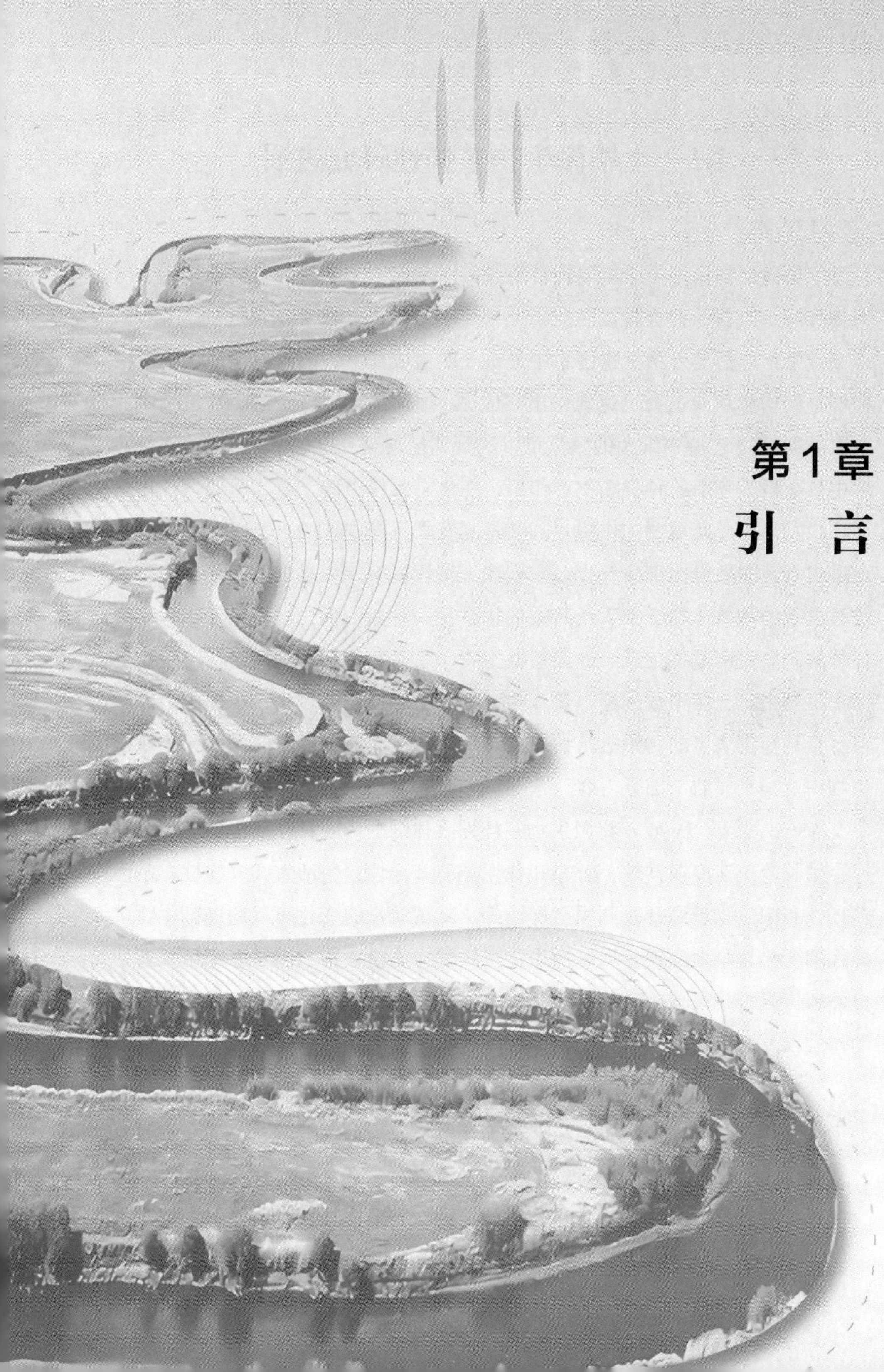

1.1 土壤微生物多样性研究进展

土壤微生物作为一个重要种群系统，在全球生态系统的有机质转化、污染物降解、土壤结构保持以及生态系统平衡等方面起着无法替代的作用[1]。土壤微生物群落是土壤生物区系中最重要的组成部分，随着生境的变化微生物群落结构和功能也会迅速地作出响应[2]。细菌是土壤微生物中数量最多的一大类群。1 g 土壤中细菌的数量可以达到几亿甚至上百亿个。它们在土壤环境中依靠极其复杂的种类和生理作用，在生态系统中碳、氮、磷的地球化学循环中发挥着及其重要的作用。真菌是具有真正细胞核的一类微生物类群，土壤中真菌的数量比细菌要少，它们在土壤环境中，依靠细胞内旺盛的酶系统对复杂的物质（如纤维素及其类似化合物、含氮的蛋白质类化合物等）进行分解。放线菌是革兰氏阳性原核微生物，它呈丝状和单细胞结构，主要生活在土壤中。土壤中放线菌数量众多，而且与有机质的转化、土壤肥力的改善甚至是植物病害的防治等密切相关，所以开展放线菌的研究是研究土壤微生物中及其重要的一部分内容。

Watve 等[3]于 1996 年将微生物多样性具体划分为 6 种，即生活环境多样性、生长繁殖速度多样性、营养和代谢类型多样性、生活方式多样性、基因多样性和微生物资源开发利用多样性等。土壤质量的变化可以通过微生物多样性的变化较早地反映，后来微生物多样性作为重要指示因子之一用来评估自然或人为干扰条件下土壤的变化[4]，因此研究关于不同生境下微生物群落的作用以及群落功能和结构变化，对深入解析整个生态系统具有重要意义。

1.1.1 土壤微生物研究方法进展

目前，研究人员主要从微生物数量、活性和多样性三个方面对土壤微生物特征展开研究。微生物数量的多少在一定程度上不仅可以反映土壤的质量状况，而且也可以作为研究土壤微生物发育和作用的重要指标。微生物数量在整个生态系统的物质循环和能量流动中起着关键性的作用，微生物数量过多或过少都会对生态系统的调节产生影响[5]。目前常见的微生物群落计数法主要是平板菌落涂布法、MPN 法、细胞计数板法和荧光染色法等。

微生物平板培养方法是一种利用传统的培养技术对微生物进行选择性培养的实验方法，操作简单。该方法主要是将土壤微生物在营养成分不同的固体培养基上进行培养，然后根据后期形成的可恢复性菌落对微生物的数量、类型等作出进一步分析。一直以来，该方法被广泛应用于微生物数量的研究。尤其在微生物资源的开发与利用时，平板培养技术能够获得可培养的纯菌株，为进一步研究提供基础。但由于受到培养基选择和培养条件的限制，平板培养法测定的土壤微生物类群数量误差较大，只能占到土壤中实际存在的微生物总数的 1%～10%[6]。同时，要获得微生物的种类信息，需要进一步分离、纯化和鉴定。因此，在实际研究中，需结合其他分子生物学手段获取更详细的微生物信息。

DAPI 是近些年应用起来的一种荧光染料，可以穿透细胞膜与细胞核中的双链 DNA 结合，产生比自身强 20 多倍的荧光。DAPI 染色法可以在荧光显微镜下进行微生物计数，荧光显微镜观察细胞标记的效率很高（几乎为100%），能够在最大程度上反映土壤微生物数量的多少。Torsvik 和 Øvreås 采用 DAPI 荧光染料技术对土壤微生物的数量进行研究，发现该方法所测得的土壤细菌总数比平板培养测定法得到的总数要高出四个数量级，土壤细菌的总数能达到 4.2×10^{10} 个细胞/g 干土[7]。

由于土壤微生物具有驱使土壤中物质迁移和转化的能力，因此关于其活性和强度的研究也是热点之一。土壤中重要的活性组分——微生物量（如微生物碳、微生物氮等）经常用来反映土壤微生物的活性[8,9]。土壤微生物量测定方法有直接镜检法、ATP 分析法、熏蒸培养法、熏蒸提取法、底物诱导呼吸法[10]。通常采用的方法是间接的熏蒸微生物量测定法，利用熏蒸氯仿杀死和溶解土样中微生物后，培养 7～15 天，根据熏蒸前后土样中 CO_2 释放量的差值，计算微生物碳。但该方法存在测定周期较长，测定土样质量要求较高，对钙质土、淹水土等测定结果不可靠等局限性。因此在 20 世纪 80 年代土壤学家对其进行了改进，即熏蒸提取法（fumigation-extraction，FE），土样经氯仿熏蒸后，用硫酸钾溶液浸提，可更直接地估计微生物 N、P，是目前较好的微生物量测定方法。然而该方法在反映微生物活性上有一定的局限性，如 Rogers 和 Tate 发现在松林土壤中，微生物量的变化和季节交替无关，而微生物群落及微生物水解酶量却随着季节的变化而有所不同[11]。

微生物群落结构多样性的变化在一定程度上可体现土壤环境，土壤质量，甚至是整个土壤生态系统结构及其功能稳定性等特征。因此，土壤微生物群落多样性的研究逐渐成为研究者关注的热点之一。土壤微生物多样性的研究在促进土壤可持续利用、维持与改善生态系统功能、开发微生物基因资源等方面具有重要意义。

目前，土壤中仍约有 80%～99%的微生物还未被认识和鉴别[12]，在揭示自然界微生物群落结构、生态功能等方面，大量微生物的不可培养性是传统微生物生态学研究最大的局限，最终导致微生物多样性及生态学研究较其他生物的研究水平相比，一直处于落后状态。近几十年，随着现代分子生物技术在微生物生态学的研究中应用，大量新技术随后也逐渐用于研究土壤微生物，进一步推动了土壤微生物多样性的研究进展。

现代分子生物学技术主要包含以 PCR（Polymerase chain reaction，多聚酶链式反应）技术为代表的分子生物学方法、以 BIOLOG 技术为代表的生理学方法（Community-level physiological profiling，CLPP）和以 PLFA（Phosphor lipid fatty acid，磷脂脂肪酸）技术为代表的生物化学方法[13]，如单链构型多态性 DNA（SSCP）[14-16]、末端限制性片段长度多态性（T-RFLP）技术[17]、扩增片段长度多态性（AFLP）、随机扩增多态性 DNA（RAPD）[18]、变性梯度凝胶电泳（DGGE）[19,20]、温度梯度凝胶电泳技术（TGGE）等。这些技术为从分子水平揭示生物多样性提供了新的方法论，对土壤微生物生态和功能及微生物群落多样性的研究有着巨大的促进作用。

Biolog 微平板分析系统是一种自动鉴定系统，可用于鉴定多种放线菌、酵母菌、革兰氏阳性菌、革兰氏阴性菌。Biolog 微平板方法的原理比较简单，以不含任何碳源的孔为对照，其余每孔含有一种碳源和四氮唑蓝氧化还原染料。染料的颜色可随反应物氧化还原电势的变化而变化，以此来反映了底物被利用的速率和程度。微生物群落结构不同，每个孔的颜色也会不同，从而反映出不同样点微生物之间的差异[21]。自 1991 年 Garland 和 Mills 利用 Biolog GN 来评估微生物群落水平的功能多样性以来[22]，现在已有许多微生物生态学家致力于这方面的研究，并开发出了多种 Biolog 微平板，如革兰氏阴性板（GN）、革兰氏阳性板（GP）、生态板（ECO）和可针对具体研究情况自配底物的 MT 板等[23,24]。几十年来，该方法已广泛应用于森林、草原及农田生态系统等[24-26]微生物群落多样性的研究中。鉴于目前菌种数据库资料尚不完善，那么对于微生物的分类鉴定，本研究还需通过与其他方法相结合，如微生物生理生化和表型分析方法等，以获得更全面的微生物分类鉴定结果。

磷脂脂肪酸（Phospholipid Fatty Acid，PLFA）分析法主要利用磷脂脂肪酸谱（PLFA profile）研究土壤微生物群落结构及活性多样性[27-29]。细胞膜的主要稳定组成部分是磷脂，在正常的生理条件下细胞中磷脂含量稳定，PLFA谱图的变化与样品中微生物的组成及生物量等相关，因此 PLFA 可作为有效的生物标记物。该方法的测定主要包括土壤样品的磷脂脂肪酸提取、纯化、甲脂化和图谱的鉴定等步骤。目前比较常用的图谱鉴定系统有气相色谱质谱联用系统（Gas Chromatography Mass Spectrometry，GC-MS）、液相色谱质谱联用系统（High Performance Liquid Chromatography-Mass Spectrometry，HPLC-MS）等，它们都能够快速且准确地读取脂肪酸谱图，定性和定量地分析磷脂脂肪酸[30]。PLFA 方法最大的优势在于无须分离和培养技术，结果真实、客观，已被广泛用来评估土壤微生物群落多样性[31]，以及不同土层深度[32]、污染[27,33]、土壤质量的改变[34,35]等引起的微生物总量改变。但是，PLFA 分析结果的准确性受到磷脂脂肪酸的提取、实验过程等的影响，而且该方法对实验条件要求高、耗时长、成本高，研究应用范围在实际中受到了限制[36]。

分子生物学以核酸和蛋白质等生物大分子为研究对象，并对这些复杂结构及结构与功能之间的关系进行阐述，是一门从分子水平研究生命本质的新兴边缘学科。分子生物学技术的应用大大促进了土壤微生物生态学的发展，主要研究土壤微生物群落组成、结构、功能、适应性等基础的理论问题[37]。常见的以核酸分析技术为主的方法包括：PCR、RAPD、T-RFLP、AFLP、自动化核糖体基因间隙分析（ARISA）、PCR-DGGE/TGGE 等，它们的共同点主要包括两个步骤：首先从环境中抽提微生物基因组 DNA，然后进行 PCR 反应。近年来以环境微生物 16S rDNA、23S rDNA 及 16-23S rDNA 间区（ISR）的序列分析逐渐成为微生物分类和鉴定的研究焦点。而原核生物的 16S rDNA 广泛应用于环境微生物多样性的研究中，因为它具有分子大小适中、具有保守区域和高变异区域等优点[38-40]。目前微生物多样性的研究主要是原核生物，关于真核生物的研究急需得到研究者的关注，对其基因资源进行开发。Torsvik 等发现森林土壤样品基因多样性相当于一般土壤细菌平均基因组大小的 4 000 倍，是一般分离法得到的基因多样性的 200 倍[9,41]。分子生物学方法能更客观、准确地分析微生物多样性。它的应用不仅为自然界微生物的认知带来了前所未有的机遇，也为微生物资源的利用和改造提供了非常广阔的蓝图。

1.1.2　不同生境土壤微生物多样性研究进展

生态学家研究的热点一直集中于森林与草原生态系统，研究发现同一地区不同森林土壤微生物存在时空差异，土壤微生物的生物多样性受到地上植物种类、年龄及部分生物多样性等的影响[42]。Brant 等[43]研究森林系统中根系对土壤微生物群落结构的影响，表明森林树木组成结构的变化对改善土壤微生物的群落组成和结构起着关键性的作用。Dunbar 等[44]同时利用分离培养物和 RFLP 谱图分析了松树根际土壤和非根际土壤微生物的群落结构，通过 *Rsa*I 和 *Bst*UI 两种限制性内切酶分别分析了 179 种分离培养物和 801 种直接从土壤中提取的 16S rRNA 基因的 RFLP 图谱，发现从土壤中直接提取的有 498 种系统型而在分离培养物中却只有 34 种，并且还发现松树根际土壤中的微生物丰富度大于非根际的土壤。Chan 等[45]对中国西双版纳和爱劳山原始森林常阔叶林土壤腐质层和矿质层的细菌群落结构多样性进行 T-RFLP 分析，研究结果表明 Acidobacteria 为细菌优势种群。Borneman 等[45]对威斯康星州三叶草牧场土壤中的微生物进行 16S rRNA 克隆及序列测定，测序发现 124 个克隆中，优势类群主要有变形菌门（Proteobacteria）（16.1%）、嗜纤维菌-曲挠杆菌-拟杆菌群（Cytophaga-Flexibacter-Bacteroides group）（21.8%）和低 G+C 含量的革兰氏阳性菌（low-GC-content gram-positive group）（21.8%）三类。Stephan 发现，在草地生态系统中，植物的物种丰度和功能多样性对土壤可培养细菌群落的代谢活性和多样性起着促进作用[47]。

近年来，科学家又陆续开展了对其土壤类型微生物的研究。农田生态系统成为最主要的研究对象。Tringe 等[48]在对一处农田土壤的微生物种群类型进行研究，发现微生物类群极其丰富，有大约 3 000 种细菌核糖体类型，其中常见的类型有 112 种。Ulrich 等[49]将 T-RFLP 技术与克隆文库测序方法相结合，对施肥与不施肥的土壤中可培养可降解纤维素类物质的细菌 16S rDNA 多样性进行研究，发现施肥使此类细菌的群落密度明显增加，但降解纤维素的活力未发生改变。克隆文库测序结果表明，该群落组成较简单，Streptomyces 为优势菌，占总克隆数的 67%。Schloss 等[50]根据细菌 16S rRNA 基因序列使用数据模型对阿拉斯加和明尼苏达农田土壤中细菌丰度进行了估算，模型预测两类土壤每 0.5 g 样品中分别有 5 000 种和 2 000 种细菌。Buchan 等[51]采用细菌 16S rDNA 和真菌 rDNA 转录间隔区（ITS）的特异引物，对沼泽枯草腐败过程中细菌和真菌的群落动态变化及优势种群进行了监测。发现优势种群有 7 种细菌和 4 种真菌，微生物的群落结构呈现出时空异质性，在降解过程中真菌和细菌的丰度显著相关，这一关系说明在生态学上这两类微生物可能具有重要的相互关系。

对于碳、氮功能群微生物研究者也开展了大量的研究。Knief 等[52,53]通过 *pmoA* 基因研究天然林地、再生林地和玉米地三种不同土地利用方式下的甲烷氧化基因多样性，发现甲烷氧化基因类型和甲烷氧化速率在不同土地利用方式下明显不同，Methylobacter 和 Methylocystis 是林地土壤的优势种群。农田的甲烷氧化速率明显低于天然林地和再生林地。Henckel 等[54]研究季节变化、土壤深度对甲烷氧化基因的影响，表明冬季甲烷氧化基因多样性在土壤亚表层丰富，夏季则在整个土层中都可以检测到，但其功能基因多样性变化不大。Mendum 等[55]研究了可耕土壤中施用硝酸铵、农家肥加硝酸铵和不加氮肥 3 种处理土壤氨氧化基因多样性的变化，结果显示硝酸铵施加土壤和不加氮肥土壤中不同氨氧化基因占优势地位。Nicolaisen 等[56]研究了高产稻田土壤氨氧化基因分布状况，发现土壤不同深度的氨氧化基因多样性无明显差异，土壤表层功能基因丰度最高。对南极长城站土壤微生物多样性分析结果显示：氨化细菌主要集中为 7 个属，硝化细菌有 2 个属，反硝化菌有 3 个属，真菌主要集中在 5 个属，放线菌有 3 个属[57]。硝化和反硝化是土壤 N_2O 产生的两个主要过程，其中微生物介导的 N_2O 的排放占据了土壤排放量的 90%[58]，因此研究者对参与硝化和反硝化的功能菌群开展了研究。Kandeler 等[59]采用实时 PCR 系统定量测定了冰河土壤中的反硝化基因，发现 *narG*、*nirS*、*nirK*、*nosZ* 的 16S rRNA 拷贝数分别占总拷贝数的 2%、0.14%、0.2% 和 0.5%。Philippot

等[60]对玉米根际土壤中硝酸盐还原群落的 *narG* 基因多样性进行 RFLP 研究，其中放线菌的 *narG* 基因占有较高的比例，且 *narG* 基因存在根际效应。

目前对湿地土壤微生物的研究热点主要是：① 湿地污染物的生物转化和去除作用；② 特殊功能的微生物种类的研究。许多研究报道了不同湿地植被类型、湿地系统的水力学特征、pH、温度、溶解氧、有机质等都会对湿地微生物群落的结构及功能产生影响，进而影响湿地生态系统的功能[61-69]。但是这些研究多数侧重于人工湿地的土壤微生物群落的探究，而对于天然湿地土壤微生物群落结构的研究报道相对较少[70-78]。而在实际情况中，天然湿地生态系统易受水文状况、自然及人为活动干扰，更脆弱、更易遭受破坏，且恢复难度极大，要合理保护和开发这些地区，持续发挥湿地的生态功能，对湿地土壤微生物进行全面系统的研究是十分必要的。

1.2 高通量测序技术研究进展

微生物是地球上起源最早的生命形式，具有种类多，数量大，分布广等特征。土壤作为汇聚微生物最大的资源库，分析土壤宏基因组，揭示土壤微生物群落的多样性与功能，研究微生物群落与所处环境的相互影响机制，是当今微生物生态学亟待解决的关键科学问题。自 20 世纪 90 年代以来，微生物分子生态学技术的革新应用，大大促进了微生物生态学的发展。而近年来，高通量测序技术的提出使得更加深入地研究微生物生态学成为可能。

高通量测序技术平台主要包括：罗氏 454 公司的 GS FLX 测序平台、Illumina 公司的 Solexa Genome Analyzer 测序平台和 ABI 公司的 Solid 测序平台。其中，罗氏 454 测序平台和 Illumina 测序平台是目前应用最为广泛的两项技术。由于本研究测序应用的是罗氏 454 公司的 GS FLX 测序平台，下面针对 454 测序原理做进一步介绍。

1.2.1 高通量测序技术原理

罗氏 454 公司的 GS FLX 测序系统的流程可简单概括为"1 个片段=1 个磁珠=1 条读长"。特别设计的 DNA 捕获磁珠与独特 DNA 片段结合,并被乳化形成油包水的混合物,每个独特的片段在独立只包含 1 个磁珠和 1 个独特片段的微反应器里进行扩增。随后扩增片段仍与磁珠结合,但乳液混合物被打破。最后捕获磁珠放入只能容纳 1 个磁珠的 PTP 板中进行测序。在测序的过程中腺嘌呤脱氧核糖核苷酸(A)、鸟嘌呤脱氧核糖核苷酸(G)、胞嘧啶脱氧核糖核苷酸(C)和胸腺嘧啶脱氧核糖核苷酸(T)按一个固定的顺序通过 PVP 板,在各种酶的作用下进行平行测序。聚合酶通过增加核苷酸延伸现有的 DNA 链,每增加一个核苷酸产生的一个光信号会通过 CCD 检测器进行捕获。这些信号的强度与核苷酸的数量成比例。由此一一对应,就可以准确、快速地确定待测模板的碱基序列。GS FLX 系统在 10 h 的运行当中可获得 100 多万个读长,读取超过 4 亿~6 亿个碱基信息[79]。除 GS FLX 系统提供的生物信息学工具外,如 Camera[80]、Mothur[81]、FastUnifac[82]等可用于大规模测序数据的分析。

454 测序技术与研究人员传统上一直使用的 Sanger 测序法相比,可重复性高、精确性强,速度快、产生的数据量大,并且无须文库构建,能最大程度地节约人力、物力。基于以上优点,该技术在土壤、海洋、活性污泥、废水、食品、化妆品、矿井和盐湖等各类环境微生物多样性研究中都有广泛的应用。

1.2.2 高通量测序技术研究湿地土壤微生物研究进展

微生物在湿地生态系统中参与物质转化、能量流动等,在发挥湿地生态系统功能中扮演重要的角色[84]。近年来，高通量测序技术在湿地研究中热点主要集中在微生物群落结构、功能，降解污染物机制和生态评估等方面。

孟晗等[85]通过焦磷酸高通量测序对崇明东滩湿地及不同土地利用方式土壤真菌群落结构进行分析，为围垦后土壤的可持续管理提供理论依据。Ligi 等[86]利用 Illumina 测序技术对人工河流湿地细菌群落进行了研究，指出反硝化能力与细菌群落结构有关，而反硝化基因丰度则与湿地细菌群落特殊的细菌类群有关。

Serkebaeva 等[87]利用焦磷酸测序技术研究了北方湿地泥炭层表层和深层土壤细菌群落多样性，测序共获得 37 229 条有效序列，隶属于 27 个细菌门。表层环境中微生物丰度明显比深层高。占优势的细菌类群为酸杆菌门（Acidobacteria）、α-变形菌纲（Alpha-proteobacteria）、放线菌（Actinobacteria）、疣微菌门（Verrucomicrobia）、浮霉菌门（Planctomycetes）、δ-变形菌纲（Delta-proteobacteria）和 γ-变形菌纲（Gamma-proteobacteria）。不同深度微生物群落丰度和多样性程度的变化，表明湿地泥炭层在垂直剖面的微生物分布的不同。

Peralta 等[88]研究了弗吉尼亚州天然湿地和人工湿地细菌群落结构。利用焦磷酸测序技术测定两种湿地类型土壤微生物的异同。结果表明，人工湿地间微生物群落结构与天然湿地相比，差异要小。两个天然湿地研究样地微生物结构明显不同，可能是由于两个样地土壤理化性质不同所致。湿地土壤优势微生物类群为酸杆菌门（Acidobacteria）、放线菌门（Actinobacteria）、拟杆菌门（Bacteroidetes）、绿弯菌门（Chloroflexi）、厚壁菌门（Firmicutes）、芽单胞菌门（Gemmatinomadetes）、硝化螺旋菌门（Nitrospira）和变形菌门（Proteobacteria）。其中变形菌门（Proteobacteria）分布最丰富。Acidobacteria 在天然湿地分布更广。相关性分析表明，微生物分布与土壤碳氮比、pH 呈极显著相关。说明微生物介导的生态功能的发挥与土壤性质有很大关联。

Lipson 等[89]将宏基因组技术和 MG-RAST 高通量分析平台相结合，探究阿拉斯加北部的湿冻原微生物多元化的厌氧途径、铁还原菌的优势和物种丰度，为进一步研究提供了一组丰富的假说。

1.2.3　高通量测序研究沉积物微生物研究进展

龚骏[90]以渤海及北黄海 20 个站点的表层沉积物为样点，通过 454 高通量测序技术，分析沉积物中真核微生物类群的多样性、群落结构及其时空分布特征，通过分析所获得 29 万条的高质量真核生物序列信息，发现沉积物中序列条数的比例：囊泡类＞后生动物＞鞭毛类，其他原生生物和真菌类群所占比例较低，且受区域的影响，各样点的生物多样性指数呈明显的时空分布。

王玉[91]以 Illumina 高通量测序技术为平台，详细比较了中国南部沿珠江分布的淡水、潮间带和海洋三种沉积物中的微生物群落结构以及 α 和 β 多样性，结果显示：淡水沉积物中细菌多样性最高，主要富集酸杆菌、硝化螺菌属、α-变形杆菌和β-变形杆菌和疣微菌门；潮间带内部有植被覆盖的沉积物细菌α多样性高于无植被覆盖的光滩沉积物，古细菌α多样性与细菌相反；海洋沉积物富集一些γ-变形杆菌和δ-变形杆菌中在厌氧条件下与硫还原有关的细菌目；而潮间带沉积物则主要富集一些初级生产者和腐生菌，如绿湾菌门、硅藻门、γ-变形杆菌和ε-变形杆菌、拟杆菌门、厚壁菌门和放线菌门。另外，古细菌群落主要由泉古菌门（热变形菌纲）和广古菌门（甲烷微菌纲）组成。

Maugeri 等[92]通过 Illumina 测序技术对意大利帕纳里亚岛浅海沉积物中微生物多样性进行研究，发现沉积物中细菌和古菌群落主要是小红卵菌属（α-放线菌，Alpha-proteobacteria），包括光合铁-铁氧化紫细菌（*phototrophic ferrous-iron-oxidizing purple bacteria*）、*Thiohalospira* 和 *Thiomicrospira*（γ-放线菌，Gamma-proteobacteria），后者与硫循环和广古菌门（Euryarchaeota）的

甲烷八叠球菌属（*Methanosarcina*）有关。测序分析结果显示原核生物主要参与帕纳里亚岛周边浅层热液系统碳、铁和硫的循环。

Colin 等[93]通过高通量测序技术对法国南部大西洋海岸阿杜尔河口表层沉积物中硫酸盐还原菌（sulfate-reducing bacteria，SRB）的多样性进行研究，大多数菌株属于 Desulfobulbaceae 内的 *Desulfopila* 属和 *Desulfotalea* 属，而与 *Desulfopila* 相关的菌株生物多样性及菌种数相对更高，*Desulfovibrionaceae* 菌株仅占 SRB 的 10%。

研究者对高通量测序技术的广泛应用，使对沉积物的研究范围也不断扩大，除了自然环境沉积物研究，后续也开展了人工修复环境、极端环境沉积物的研究。

Chena 等[94]以 HiSeq 2000 为测序平台，研究用硝酸盐修复深圳河流沉积物原位挥发性硫化物污染的情况，通过对 16S rRNA 的 V6 高变区测序分析微生物群落结构及其多样性的变化，发现 24.90%的序列是细菌域，最丰富的门分别为变形菌（Proteobacteria，44.10%），厚壁菌门（Firmicutes，7.22%）和 Clorofexi（6.70%），在沉积物修复七天后，β-变形菌、ξ-变形菌、γ-变形菌是优势菌群，而在未处理的沉积物和修复 14 天的沉积物中厚壁菌门，Clorofexi，放线菌和δ-变形菌丰度明显较高。硝酸盐的加入使得硝酸盐还原菌的活性增强，抑制了硫酸盐还原菌的活性，并且增加了体系的氧化还原电位，有利于硫化物污染地区的原位修复。

Ligi 等[86]使用高通量测序技术对人工河流湿地沉积物细菌群落结构进行研究。发现湿地沉积物中变形菌门是优势菌群，其次是拟杆菌（Bacteroidetes）、酸杆菌门（Acidobacteria）、放线菌门（Actinobacteria）和疣微菌门（Verrucomicrobia）。以纲为分类单元，γ-变形菌、δ-变形菌、β-变形菌是优势菌株。通过对湿地沉积物中理化性质的分析，发现细菌群落结构变化不仅与土壤理化性质有关，而且受到细菌群落中反硝化菌群的影响。

周明扬[95]通过 454 焦磷酸测序技术对中国南极长城站点附近的菲尔德斯

13

半岛海域沉积物中的微生物多样性进行了系统研究，共获得 23 个细菌门和 2 个古菌门。Firmicutes 门的 *Clostridium* 属是细菌群落的优势种群，而所有 Delta-proteobacteria 细菌都属于 Desulfobacterales 和 Desulfarculales 目，这两个目是严格厌氧的硫酸还原和硫还原细菌，这表明至少在沉积物 10 cm 深度已经是完全无氧的环境；古菌只占很少的一部分，优势菌群为泉古菌（Crenarchaeota）和广古菌（Euryarchaeota），说明古菌可能在菲尔德斯湾海岸沉积物中不起主导作用。

Bellemain 等[96]利用 454 高通量测序技术对北极永久性冻土层淤泥沉积物中古真菌多样性（Fungal palaeodiversity）进行研究，子囊菌（ascomycetes）占 75.4%，担子菌（basidiomycetes）占了 14.4%。检测到的古菌初步确定为植物病原体、腐食性生物和内生菌。

1.3　乌梁素海湿地研究进展

1.3.1　乌梁素海湿地土壤研究进展

乌梁素海位于中国内蒙古自治区西部巴彦淖尔市乌拉特前旗境内的淡水湖泊，是由黄河改道形成的河迹湖，属中国八大淡水湖之一，总面积约 300 km²，是内蒙古重要的芦苇产地。2002 年被国际湿地公约组织正式列入国际重要湿地名录，是世界上同纬度最大的自然湿地。乌梁素海湿地作为内蒙古自治区巴盟河套地区工业、农业、生活污水的主要流经区，近年来环境生态系统面临着农业面源污染所导致的富营养化[97]以及盐度增加导致的部分浅水区或芦苇区沼泽化[98]等严峻的考验，其生态系统中生物多样性[99,100]、元素的生物地球化学循环[101,102]、生态结构与功能及服务价值[103,104]等也受到一定的影响,对湿地的可持续利用提出了挑战。

近年来,对乌梁素海湿地土壤的研究主要从植被类型、土壤理化性质,土壤盐渍化等方面展开。刘骏等[105]以乌梁素海湖滨带周围盐角草、碱蓬、盐爪爪和苦豆子 4 种不同盐生植物群落的土壤为研究对象,分别采集 4 个不同深度土层样品,测定土壤 pH、含水量、含盐量、钠吸附比和交换性钠离子百分率等理化指标,结果表明,在降水、蒸发、灌溉和地下水等因素的综合作用下,以盐角草植物群落下土壤的平均含盐量最大,说明盐角草对盐分的耐受性最大,而且金属离子总量最高,主要以 Ca^{2+} 和 Na^+ 为主,占阳离子总量的 40.87%和 28.59%。该地区土壤典型离子为 Na^+ 和 Cl^-,CO_3^{2-} 和 HCO_3^- 含量极低,这与该区域成土母质的成分有关。同年,马文超等[106]对不同植被下土壤盐碱特征的分析,进一步证实了 Na^+ 是造成乌梁素海不同植被土壤盐碱化加重的主要因素,在降水、蒸发和地下水等因素的综合作用下土壤剖面盐碱度与土层高度有关。建议通过控制土壤中 Na^+ 浓度和地下水位,可以改善土壤的盐碱度。郭旭晶等[107]以乌梁素海周边 4 种土壤溶解性有机质为研究对象,对其进行荧光特性及与 Cu(Ⅱ)配位研究。发现乌梁素海周边 4 种土壤的荧光发射光谱强度在 450 nm 与 500 nm 处的比值在 1.55~1.79,说明由于实验所采集的土壤长期受黄河水灌溉的影响,土壤中的腐殖质既有生物源也有陆源,且腐殖化程度随土壤的阳离子交换量的增加而增强。同一土壤类型中,可见光区类富里酸和紫外区类富里酸与 Cu(Ⅱ)络合具有相同的趋势,可能是由于受农田灌溉的影响,表层土壤 DOM 含有类似的结构和来源,致使表层土壤的表层 DOM 与 Cu(Ⅱ)的络合能力相当,这一研究为盐碱化土壤重金属污染的防治及毒性评价提供科学依据。于会彬等[108]研究乌梁素海湖泊周围盐碱土固体表面有机物荧光光谱特征,用基于固体表面荧光光谱的土壤腐殖化指数来表征土壤盐碱化的程度,发现乌梁素海周围的生态环境相对脆弱,盐度是影响土壤腐殖化程度的重要因素,且各土层有机物主要是分子量小、结构简单的有机物为主，它们对介质中的污染物在环境中迁移具有十分重要的影响。为防止土壤荒漠化以及改良盐碱土壤提供了理论基础。同时，利用 GIS、RS 技术结合景观生态学的方法，对乌梁素海湿地生态资源时空异质性进行分析，研究湿地演化方向，探讨影响湿地生态系统功能发挥的主要因素[109]。

以上研究可以看出，虽然对乌梁素海湿地水文、地质、植被等方面展开了研究，但对于湿地土壤微生物的研究尚未见报道。了解湿地土壤微生物的群落结构及分布，可为乌梁素海湿地研究提供基础理论数据，同时也为湿地资源保护与开发利用奠定基础。

1.3.2　乌梁素海湿地沉积物研究进展

梁文等[110]对乌梁素海沉积物的分布特征进行研究，发现沉积物偏碱性，沉积作用明显，沉积物淤积厚度约 0.2 m～0.9 m，全湖平均厚度为 0.5 m，这可能与湖泊地形、水动力条件、入湖河道位置以及古河道分布有关。王喜宽等[102]以河套地区为背景值，对乌梁素海湖泊表层沉积物（0～20 cm）、深层沉积物（150 cm～200 cm）元素对比分析，发现绝大多数深层沉积物中只有 Zr 和 SiO_2 低于基准值，这可能与物质本身的化学稳定性及深层土壤以黏土质物质为主有很大的关系，黏土矿物容易吸附各种元素，从而在湖泊深层沉积物中富集。表层沉积物中 S、org-C（Organic Carbon，有机碳）、N 三种组分的富集量较深层沉积物多，其中表层中的 S 是深层中的 16.45 倍，这也是湖泊表层沉积物的 pH 由深层的碱性向中性过渡的原因之一。而这些环境的变化与人类活动关系密切，乌梁素海已出现富营养化和 Hg、F 污染，需对其进行治理。

关于乌梁素海沉积物的研究，更多地集中于沉积物重金属的分布及危害程度评估。赵锁志等[111]研究了内蒙古乌梁素海 0 cm～20 cm 深处底泥中重金属元素的空间分布，并与国家海洋沉积物质量一类标准、生态危害临界值和国家土壤质量一级标准进行对比，发现表层底泥污染主要体现为 Cu、Cd、Ni、Zn 重金属的复合污染，主要与工业污染及沿岸排污有关，总体上乌梁素海污染重金属污染较轻。赵胜男等[50]利用活性系数与迁移系数对重金属生物活性进行研究，并结合沉积物理化性质对重金属形态变化的影响，从重金属形态学角度对环境状况进行评估，发现沉积物中重金属 Cd 的活性系数和迁移系数最大，是其他元素的 4～50 倍；沉积物理化性质和重金属总量对各种化学形态重金属含量的影响程度明显不同，重金属 Cd 是生物活性最强、污染最严重的金属，Hg 污染次之。姜忠峰等[112]分别以现代工业化前正常颗粒沉积物中最高重金属含量和河套地区土壤中重金属含量作为背景值，采用瑞典科学家 Lars Hakanson 的潜在生态危害指数对乌梁素海表层沉积物中重金属 Cu、Zn、Pb、Cr、Cd、Hg 和 As 的富集系数、分布特征和生态危害指数进行了评估，结果表明 7 种重金属在总排干和九排干入湖口附近、旅游区的航道附近表层沉积物中含量较高，九排干入湖口附近尤以重金属元素 Hg 为主，表层沉积物重金属的潜在生态危害程度为轻微—中等水平。张晓晶等[113]对乌梁素海表层沉积物中重金属含量及营养元素含量进行统计分析，乌梁素海表层沉积物营养元素分布总体呈现由西北向西南，由排干入口到出口逐步递减的趋势，重金属 Hg 和 As 的含量偏高，这一结论与姜忠峰[112]一致；还发现有机质、TN 对生态有着潜在的危害性，水体富营养化对沉积物中重金属 As 的富集有抑制作用。

关于乌梁素海湖泊沉积物的资源化利用，张生等[114]对沉积物土壤质地、容重、含水率等指标进行分析，认为沉积物受富营养化水体的影响，氮、磷和有机养分含量相对较大，可做农田肥料，但可能会对土壤、水体等造成二次污染，具有一定的生态风险性；相反，沉积物中的重金属含量小于微生物活性的临界值，因此适于湖滨湿地的建设、园林绿地和废弃土壤的改良；另外，沉积物的颗粒细，可塑性高，结合力强，收缩率大等特点，可用于土建工程材料。

高敏等[115]研究了不同粒径沉积物对 P 吸收的影响，结果显示：总体上 P 的吸附量随 pH、沉积物浓度的升高递增，且丰水期的动力条件及夏季高温都有利于磷的吸附，为乌梁素海富营养化的预防治理提供理论依据。吕昌伟等[116]针对硅在沉积物上的等温吸附及形态再分布展开了实验研究，发现乌梁素海沉积物中生源硅的含量较低（平均值为 3.5 mg/g），在实验设定的浓度梯度内（≤3 mg/L），湖泊沉积物成为上覆水中硅的"汇"。乌梁素海上覆水中硅浓度大于吸附/解吸平衡浓度（ESC_0）时，上覆水中的硅会向沉积物中转移。

孙惠明等[117]沿乌梁素海水体的流向，以及湖区水生植物和明水区域分布的情况，对表层沉积物有机质和全氮含量的分布特征进行研究，结果显示，经向和纬向全氮含量分异特征明显；全氮含量与有机质含量显著相关；C/N 的平均值在 12.07~19.95，表明有机质主要来源于湖中水生植物。水体富营养化具有显著的内源性。TN 和有机质在不同粒级表层沉积物中的粒度效应明显，且 TN 和有机质在 Iv 粒级的含量分别为 I 粒级的 3.1~7.6 倍和 2.5~8.0 倍。

对于湖泊沉积物微生物的分布特征，研究者也开展了一定的研究。张晓军等[118]通过构建和分析细菌 16S rRNA 基因克隆文库，对沉积物中细菌发育系统及其群落结构的变化进行研究，以此探讨沉积物细菌群落结构对乌梁素海富营养化的响应。发现湖泊沉积物中细菌数量较多，多样性较完整，分布较均匀。优势种群为 α-、γ-、δ-变形菌门（Proteobacteria）及放线菌门（Actinobacteria），而且克隆文库中有 91.9% 的细菌与已培养菌种的同源性低于 93%，说明乌梁素海沉积物中很多未知的新菌种。孙鑫鑫[119]对乌梁素海沙尖北的沉积物中古菌菌群结构多样性及系统发育关系进行了研究，发现沉积物中古菌包括了 Crenarchaeota、Euryarchaeota，而 Crenarchaeota 是优势细菌类群，且不同深度沉积物的微生物群落结构和多样性程度有明显差异。

以上报道可以看出，虽然微生物在沉积物地球化学循环中发挥着极其重要的作用，但对于沉积物微生物的研究仍比较欠缺。为了更深入了解乌梁素海沉积物的特征，利用现代分子生物学技术开展相关微生物全面分析是亟待解决的问题。

1.4　本研究的目的和意义

本研究在国家自然科学基金——内蒙古高原沼泽化湿地甲烷及氨氧化菌的空间异质性与环境功能性研究（31160129）、科技部"十二五"科技支撑计划项目——乌梁素海湿地生态恢复与重建关键技术研究与示范（2011BAC02B03）等项目的资助下完成。

随着工业和农业的发展，乌梁素海湖泊面临着严重的富营养化问题，周边湿地随之出现了严重的退化和盐渍化问题，制约了该地区经济的可持续发展，影响着河套平原生态系统功能的稳定。对乌梁素海湖泊进行修复，周边湿地进行恢复和保护是目前急需解决的生态环境问题。而土壤微生物对环境变化敏感，是监测土壤质量的重要指标。对微生物展开全面的研究对我们认识乌梁素海湿地生态系统，识别特殊功能的微生物，探讨某些特定类群微生物在湖泊生态保护、湿地修复及重建中的作用有重要的意义。分子生物学技术最大的优点是可以直接从样品中提取土壤宏基因组 DNA，所得 DNA 能够准确地反映样品中微生物的群落结构和多样性水平，同时能发现大量以前因为无法培养而不能获得的微生物基因，尤其随着第二代测序技术的广泛使用，为研究微生物资源提供了更广阔的前景。目前，对乌梁素海湿地土壤及沉积物微生物群落缺乏系统、深入的研究。本研究对乌梁素海湿地土壤及沉积物的可培养微生物数量、细菌群落结构以及与土壤理化性质的关系开展了研究，深入了解了细菌群落的空间异质性，探讨了影响微生物数量、细菌群落结构和多样性的影响因素，为开发乌梁素海湿地微生物资源、生态环境恢复和保护提供理论依据。

第 2 章
乌梁素海湿地基质
理化性质分析

2.1 前　言

　　土壤理化性质受多种因素影响。如土壤形成过程、生态系统的水文条件、植被类型等[120]。土壤的理化性质不仅反映土壤结构状况，而且制约着地上植被类型的分布及地下微生物的群落结构[121,122]。乌梁素海是河套灌区水利工程的重要组成部分，主要作用为改善水质、调控水量、控制河套地区盐碱化。乌梁素海湿地生态系统对维护周边地区生态平衡起着相当重要的作用。然而，乌梁素海主要补水来源于周边农田灌溉退水，退水中夹带着大量流失的化肥进入乌梁素海，致使农田面源污染成为影响乌梁素海的主要环境问题。每年排入乌梁素海的总氮为 1 088.594 t，总磷为 65.747 t，促使乌梁素海成为以大型水生植物过量生长为主要表征的富营养化草型湖泊。大型水生植物过量生长给乌梁素海正常的生态结构增加了沉重的负担，如不加以治理，几十年内将逐步演变为沼泽地带，地球上同纬度地区最大的自然湿地将丧失调节气候的功能，给当地及周边地区带来如土地沙化、沙尘暴等严重生态问题。同时，湖底的不断抬升，可能导致河套灌区大片农田难以控制地下水位，致使根系层土壤正常的盐分平衡被打破，严重威胁河套平原农田生态系统的平衡。

　　本章对乌梁素海湿地基质的 pH、含水量、有机碳、总氮、总磷等含量进行研究，分析湿地土壤及沉积物各理化因子含量的空间异质性，揭示乌梁素海湿地土壤及沉积物理化性质的变化规律，为乌梁素海湿地生态系统的恢复、保护和管理提供理论依据。

2.2　研究方法

2.2.1　样地设置与样品采集

乌梁素海（108°43′~108°57′E，40°46′~41°03′N）位于内蒙古巴彦淖尔市乌拉特前旗境内，湖面高程 1 018.5 m，库容量（2.5~3）×10^8 m³，现有水域面积 293 km²。平均水深 0.9 m，最大水深 3 m。乌梁素海大型水生植物共 6 科 6 属 11 种，以芦苇和龙须眼子菜为优势种。目前，乌梁素海挺水植物分布面积 122 km²，沉水植物分布面积约为 97.5 km²，群落盖度 100%。该地区属典型的温带大陆性季风气候区，多年平均降水量为 215 mm，降水主要集中在 7—9 月，其降水量占全年总降水量的 73%；多年平均气温为 6.6 ℃。

本研究旨在对乌梁素海湿地进行全面研究，分别采集湿地土壤和沉积物样品进行分析。因不同地形部位、土壤温度、湿度、地下水和土壤性状等的综合影响，在湿地土壤中形成了差异较大的植被类型。因此在乌梁素海湿地土壤退水处（108°43′54″E/40°46′22″N）设置一条垂直湖岸线的纵向样带，选择湿地具有代表性的 4 种类型植物土壤：芦苇（*Phragmites australis*，PA）、盐爪爪（*Kalidium foliatum*，KF）、碱蓬（*Suaeda salsa*，SS）、白刺（*Nitraria tangutorum*，NT）作为研究样地。同时，围绕乌梁素海湖泊，设立不同地理位置沉积物样品采样点。设立的五个沉积物样点分别为：退水处（TS，108°43′55″E/40°46′22″N）、红圪卜（HGB，108°49′15″E/40°59′44″N）、坝湾 1（BW1，108°55′06″E/40°56′43″N），坝湾 2（BW2，108°55′23″E/40°58′11″N）和小河口（XHK，108°56′43″E/40°56′57″N）。于 2012 年 7 月在上述样地以"S"

型取样方法采集 0～20 cm 的表层土样，即各样地选 3 个采样区，样区内用土钻或沉积物采集器随机采 5 份土壤，组成 1 个混合样，各样地重复 3 次，挑去草根，混合后取 1 kg 左右装入灭菌的塑料袋中，密封用保温盒加冰块保鲜，带回室内 4 ℃保存，在一周内进行土壤微生物分离计数和土壤理化性质的测定。其他样品 –80 ℃保存，用于微生物 DNA 的提取和分析。

2.2.2 研究技术路线图

具体技术路线图如图 2-1 所示。

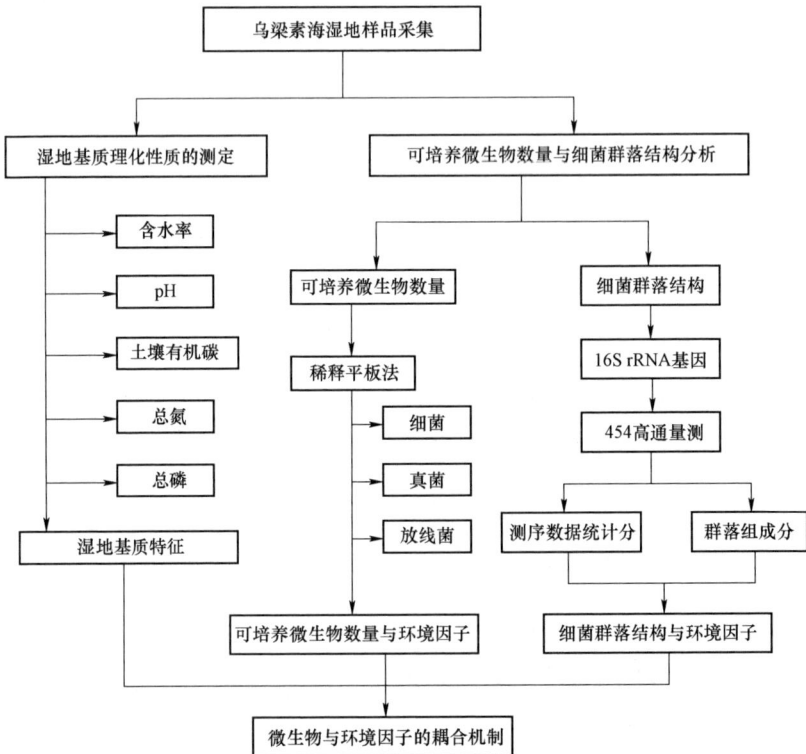

图 2-1 技术路线图

2.2.3　土壤含水量的测定

称取大约 5 g 新鲜土壤放入烧杯中，于 100～105 ℃的烘箱中烘干至恒重，按公式（2-1）计算[123]

$$含水量\% =（湿土重 - 干土重）\times 100\%/干土重 \qquad (2-1)$$

2.2.4　土壤 pH 测定

用电位测定法测定土壤 pH[123]，水与土壤之比为 2.5：1。称取风干土样 10 g 加入 25 mL 水后经充分搅匀，平衡 30 min，然后以酸度计（PHS-3C）进行测定。

2.2.5　土壤有机碳含量测定

采用重铬酸钾容重法测定[123]，具体步骤如下：

称取 0.200 g 过 0.25 mm 筛的风干土壤样品加入消煮管

↓

加入 0.1 g Ag$_2$SO$_4$，加入 10 mL 0.136 mol/L 的 K$_2$Cr$_2$O$_7$-H$_2$SO$_4$ 的标准溶液

↓

放入预热的消煮管后于 180 ℃煮沸 5 min

↓

冷却后将试管内容物全部吸入 250 mL 三角瓶中

↓

加入 3～4 滴邻菲罗啉指示剂

↓

用 0.2 mol/L 的 FeSO$_4$ 溶液由淡绿色滴定至棕红色

同时做两个空白，用 0.5 g SiO_2 代替样品，取其平均值。按公式（2-2）计算：

$$土壤有机碳含量 X\% = [(V_0 - V) \times c \times 0.003 \times 1.1 \times 100\%] / m \qquad (2-2)$$

$$土壤有机质含量 X\% = 土壤有机碳含量 X\% \times 1.724 \qquad (2-3)$$

式中：V_0——滴定空白时消耗的 $FeSO_4$ 溶液毫升数，mL；

　　　V——滴定样品时消耗的 $FeSO_4$ 溶液毫升数，mL；

　　　c——$FeSO_4$ 标准溶液浓度，mol/L；

　　　m——烘干土样质量，g；

　　　0.003——3 $g/mol \times 10^{-3}$，1/4 碳原子的摩尔质量数与 mL 转化成 L 的系
　　　　　　数的乘积；

　　　1.1——氧化校正系数；

　　　1.724——由有机碳转换为有机质的系数。

2.2.6　土壤全氮含量测定

采用重铬酸钾-硫酸消化法测定[123]。

称取 1.0 g 过 0.25 mm 筛的风干土壤样品，放入消煮管中

↓

加入浓硫酸 5 mL，在消煮炉上消煮 15 min

↓

冷却后加入 5 mL 饱和重铬酸钾溶液微沸 5 min，转入凯氏瓶中蒸馏

↓

三角瓶内预先加入 25 mL 2%的硼酸吸收液和定氮混合指示剂 1 滴

↓

蒸馏完全后，用 0.02 mol/L 盐酸标准溶液滴定

测定同时做空白试验，按公式（2-4）计算：

$$土壤全氮含量 X\% = [(V_0 - V) \times c \times 0.014 \times 100\%] / m \qquad (2-4)$$

式中：V_0——滴定空白时消耗的 H_2SO_4 溶液毫升数，mL；

　　　V——滴定样品时消耗的 H_2SO_4 溶液毫升数，mL；

　　　C——硫酸（$1/2H_2SO_4$）标准溶液浓度，mol/L；

　　　m——烘干土样质量，g；

　　　0.014——氮原子的摩尔质量数×10^{-3}，10^{-3} 为将 mL 转化成 L 的系数。

2.2.7　土壤全磷含量测定

利用硫酸-高氯酸-钼锑抗比色法进行测定[123]。

称取 0.250 g 的风干土样于 50 mL 三角瓶中

↓

加数滴水使样品湿润，加 3 mL 浓硫酸及 10 滴 $HClO_4$，摇匀

↓

加热消煮，至容器内溶液颜色转白并显透明，再继续煮沸 20 min

↓

冷却后用去离子水全部洗入 100 mL 容量瓶中，定容，摇匀

↓

吸取上述待测液 5～10 mL，置于 50 mL 容量瓶中，加去离子水至 15～20 mL

↓

滴入一滴指示剂 2,4-二硝基酚

↓

浓度为 4 mol/L 的 NaOH 溶液滴定至溶液的颜色变为黄色

↓

用 0.5 mol/L 的 H_2SO_4 溶液调节 pH 至溶液恰好为淡黄色

↓

加 5 mL 钼锑钪显色剂，定容并混匀

↓

30 min 之后用 2 cm 比色血，在分光光度计上测量吸光度

同时做试剂空白试验进行对照。

2.3 结果与分析

2.3.1 乌梁素海湿地土壤不同植物群落土壤理化性质

从图 2-2 中可以看出，研究区土壤的 pH 均呈现偏碱性，在湿地不同植物群落土壤中具有一定的差异。在碱蓬样地的 pH 最高，显著高于其他三个样地。芦苇和白刺样地 pH 居中，两个样地之间无显著性差异。盐爪爪样地 pH 最低。

不同植物群落土壤中，随着采样点从湖滨到湖岸，土壤含水率有一定差异，呈现出梯度变化。即从芦苇样地到白刺样地，土壤含水率由 32.58%减少到 14.16%。芦苇样地由于紧靠湖泊，土壤含水率较高，随着向陆相延伸，不同植被样地含水率逐步减少。

土壤有机质既是形成土壤结构的重要组成部分，又是植物矿物质营养和有机营养的源泉，也是土壤中异养型微生物的能量来源。土壤中有机质含量的测定，在一定程度上可表征土壤的肥沃程度。因为土壤有机质直接影响着土壤的理化性状[122]。土壤有机质是通过微生物作用所形成的腐殖质、动植物残体和微生物体的合称，其中的碳即为有机碳[123]。图 2-2 中显示，不同植物群落土壤中有机碳含量也不同。白刺样地有机碳含量最高，其次为碱蓬样地，两个样地之间有机碳含量无显著性差异。芦苇样地居中，盐爪爪样地有机碳含量最低。白刺样地有机碳含量为盐爪爪样地的约 3 倍。

土壤中氮由无机态氮和有机态氮组成，而表层土壤中的氮绝大多数（≥95%）为有机态氮。土壤中总氮的含量表现为：白刺样地＞芦苇样地＞盐爪

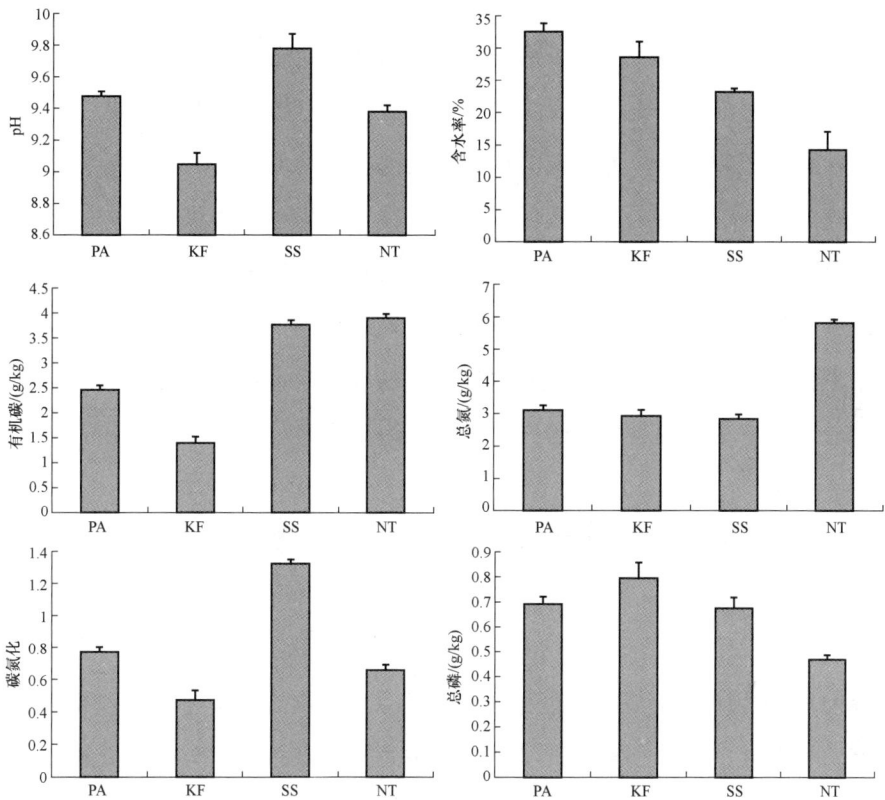

图 2-2   不同植被类型土壤理化性质

图中 PA：芦苇（*Phragmites australis*）样地；KF：盐爪爪（*Kalidium foliatum*）样地；

SS：碱蓬（*Suaeda salsa*）样地；NT：白刺（*Nitraria tangutorum*）样地。

爪样地＞碱蓬样地，白刺样地总氮的含量与其他三个样地有显著性差异，而芦苇样地、盐爪爪样地和碱蓬样地之间总氮含量无明显差异。有机碳与总氮的含量虽然都在白刺样地最高，但在其他样地则呈现不同的分布规律。乌梁素海湿地土壤有机碳、全氮含量分别在 1.39～3.89 g/kg、2.84～5.87 g/kg。同其他湿地研究相比，该研究区域中土壤营养元素含量处于较低水平[124-126]。可能是由于研究区域土壤属于新生土壤，成壤时间短、持养能力差等原因造成。

衡量土壤碳、氮营养平衡状况及土壤的碳、氮循环及其转化速率可通过土壤碳氮比值（C/N）这个指标反映，碳氮比越小，有机物分解矿化就越容易或速度越快。由图 2-2 可知，碱蓬样地土壤碳氮比最高，与其他植被类型的土壤的差异达到显著水平。芦苇样地和白刺样地居中，盐爪爪样地最低。

土壤总磷量由无机磷和有机磷两部分组成，有机磷的存在形式主要有磷脂，核酸，卵磷脂等，无机磷的存在形式则主要是 Ca、Mg、Al 等阳离子的磷酸盐。当土壤含磷量处于较低水平时，会呈现出土壤磷供应缺失的状态，因此测定土壤总磷量对了解土壤营养状况具有一定参考意义。本研究湿地土壤总磷含量由高到低依次为盐爪爪样地＞碱蓬样地＞芦苇样地＞白刺样地。盐爪爪样地、碱蓬样地和芦苇样地总磷含量较为接近，总磷量最高的盐爪爪样地总磷含量是含磷量最低的白刺样地的约 2 倍。

2.3.2 乌梁素海湿地土壤理化性质相关性分析

由表 2-1 可以看出，土壤 pH 和碳氮比之间呈极显著相关，相关系数达到了 0.951。土壤 pH 还与有机碳呈正相关关系。土壤含水率与有机碳和总氮之间有负相关性，而与土壤总磷呈正相关关系。土壤总磷和与有机碳和总氮呈负相关关系。由以上相关性分析得出，土壤中各理化性质之间均有一定的关系，在各元素的地球化学循环中产生或促进或抑制的作用。

表 2-1 土壤理化性质相关系数

	pH	含水率	有机碳	总氮	碳氮比	总磷
pH	1					
含水率	− 0.159	1				
有机碳	0.753	− 0.753	1			
总氮	− 0.120	− 0.836	0.536	1		
碳氮比	0.951	− 0.093	0.634	− 0.312	1	
总磷	− 0.248	0.830	− 0.779	− 0.928	− 0.023	1

2.3.3　乌梁素海湿地沉积物理化性质

从图 2-3 中可以看出，乌梁素海沉积物的 pH 均呈现偏碱性，与湿地土壤相比，碱性程度相对较弱。在不同地理位置沉积物的 pH 具有一定的差异。在 HGB 样点和 XHK 样点的 pH 最高，明显高于其他三个样点。BW2 样点

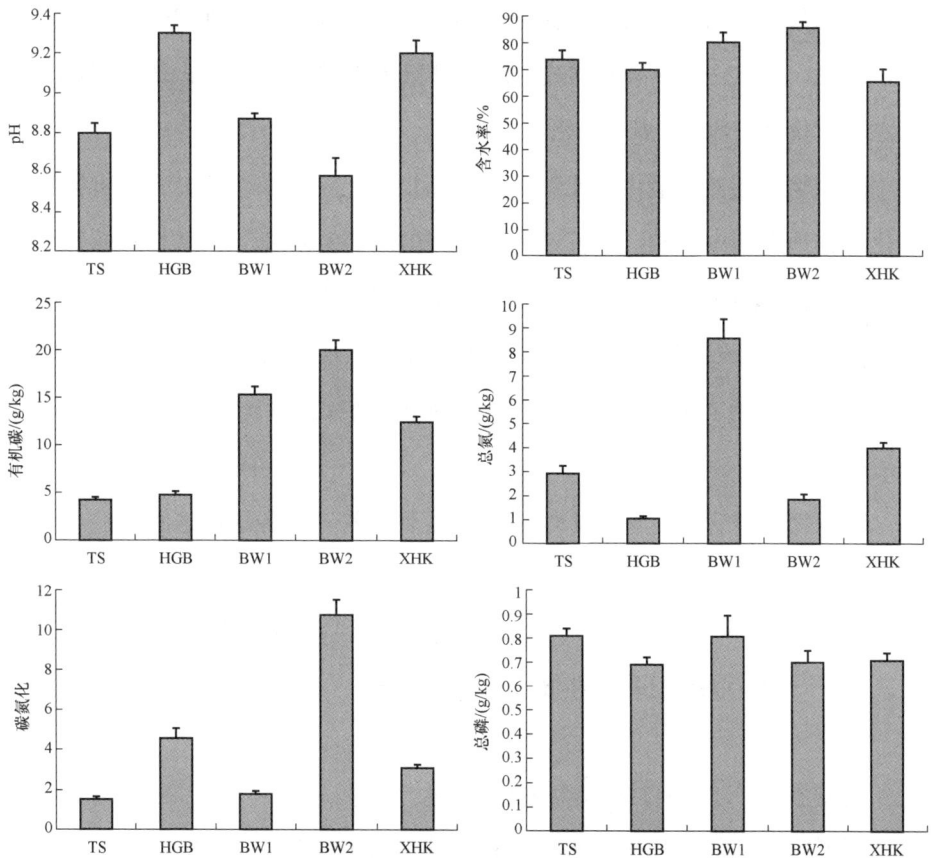

图 2-3　湿地沉积物理化性质

图中 TS：退水处样点；HGB：红圪卜样点；BW1：坝湾 1 样点；

BW2：坝湾 2 样点；XHK：小河口样点。

的 pH 最低。不同采样点的沉积物样品含水率极高，但样品之间无显著性差异。

图 2-3 中显示，不同地理位置沉积物的有机碳含量也不同，与湿地土壤相比，有机碳含量明显要高，有机碳含量最高样点要比湿地土壤高出 14 倍左右。BW2 样点有机碳含量最高，BW1 和 XHK 样点居中，HGB 和 TS 样点有机碳含量最低。有机质含量变化是由有机物质输入和输出量的相对大小决定的[3]。沉积物有机碳含量明显比湿地土壤高，可能是由于在沉积物积累的有机质含量大于有机质的矿化分解程度所致。

不同采样点的沉积物中总氮的含量有明显差异，表现为：BW1 样点总氮含量最高，XHK 和 TS 样点居中，BW2 和 HGB 样点总氮含量最低。BW1 样点总氮含量是 HGB 样点的 8 倍。

沉积物中碳氮比值也要比湿地土壤高很多，说明在沉积物中有机物分解矿化比湿地土壤中困难，分解速度要慢。由图 2-3 可知，BW2 样点碳氮比最高，与其他样点的沉积物的差异达到显著水平。HGB 和 XHK 样点居中，BW1 和 TS 样点最低。丁秋祎等[121]指出，由于水生植被含有丰富蛋白质，其碳氮比通常为 4～10 之间，本研究中碳氮比值在 2～11 之间，与上述研究一致。

沉积物总磷含量与湿地土壤相比无显著性差异。各样点之间磷的含量也无显著性差异。

2.3.4　湿地沉积物理化性质相关性分析

由表 2-2 可以看出，沉积物 pH 和含水率之间呈显著负相关，相关系数分别达到了 −0.871。沉积物含水率与有机碳呈正相关关系。总氮与沉积物总磷有一定正相关关系。碳氮比与沉积物有机碳有正相关性，与总氮、总磷呈负相关性。

表 2-2 沉积物理化性质相关系数

	pH	含水率	有机碳	总氮	碳氮比	总磷
pH	1					
含水率	− 0.871	1				
有机碳	− 0.563	0.685	1			
总氮	− 0.128	0.190	0.325	1		
碳氮比	− 0.442	0.577	0.617	− 0.513	1	
总磷	− 0.411	0.243	− 0.138	0.664	− 0.619	1

2.4 小 结

本章主要研究了乌梁素海湿地土壤及沉积物的 pH、含水量、有机碳、总氮、总磷等理化特征。研究结果表明：

（1）湿地土壤 pH 较高，表现为较强碱性环境。从芦苇样地陆相延伸到白刺样地土壤中含水率逐步降低，反映出植物群落分布与土壤水分有一定关系。土壤养分有机质和总氮含量在不同植物群落下表现出了不同的变化规律。有机质和总氮含量均在白刺样地最高，但总磷含量却是白刺样地最低。相关性分析表明，土壤 pH 和碳氮比之间呈极显著正相关；土壤 pH 还与有机碳呈正相关关系。土壤含水率与有机碳和总氮之间有负相关性，而与土壤总磷呈正相关关系。土壤总磷和与有机碳和总氮呈负相关关系。

（2）乌梁素海湿地沉积物的 pH 也比较高，但与湿地土壤相比，碱性程度相对较弱。沉积物样品含水率极高。有机碳含量与湿地土壤相比，含量明显要高，BW2 样点有机碳含量最高。不同采样点的沉积物中总氮的含量有明显差异，BW1 样点总氮含量最高，HGB 样点总氮含量最低。沉积物中碳氮比值在 2～11，比湿地土壤 0.5～1 高很多。沉积物总磷含量与湿地土壤相比无显著性差异。各样点之间磷的含量也无显著性差异。相关性分析表明，沉积物 pH 和含水率之间呈显著负相关。沉积物含水率与有机碳呈正相关关系。总氮与沉积物总磷有一定正相关关系。碳氮比与沉积物有机碳呈正相关性。

第 3 章
乌梁素海湿地可培养
微生物的数量与分布

3.1 前　　言

　　土壤是微生物生活的大本营，土壤微生物是陆地生态系统中最活跃的成员，也是土壤有机质的活性部分，它们参与土壤有机物的分解、腐殖质的形成、肥力的演变、有毒物质的降解等各种生化过程。土壤微生物推动着生态系统的物质循环和能量流动，维持着生态系统的正常运转[127,128]。土壤微生物包括不同的类群，如细菌、放线菌及真菌。土壤微生物类群的组成和数量变动作为表征土壤类型的重要指标，制约着土壤类型的分异和演替[129]，研究土壤中细菌、放线菌和真菌，即通常的土壤三大类群微生物的数量与分布有极其重要的意义。

　　本研究主要分析了乌梁素海湿地土壤及沉积物可培养微生物的数量与分布，为了解湿地生态系统中微生物区系的动态变化、分析微生物数量的空间异质性及挖掘所需的微生物资源提供理论依据。

3.2 研究方法

3.2.1 样地设置与样品采集

　　样地设置与样品采集见 2.2.1。

3.2.2 研究技术路线图

　　具体技术路线图见 2.2.2。

3.2.3　土壤微生物培养方法

微生物数量测定采用平板计数法（colony-forming units，CFU）[130]。在平板计数法（CFU）中，每个菌落由一个单细胞繁殖而成，为肉眼可见的细胞群体。真菌测定采用马丁氏孟加拉红培养基；放线菌采用改良高氏 1 号培养基；好气性细菌采用牛肉膏蛋白胨琼脂培养基；芽孢型细菌采用牛肉膏蛋白胨麦芽汁琼脂培养基[130]。每一类群设 3 次重复、3 个稀释度，分别接种后，置无菌培养箱培养，接种后的培养皿倒置在培养箱内，进行计数，计算每克干土中的微生物数量。

操作步骤参照《土壤微生物分析方法手册》[130]进行：

（1）精确称量 10 g 土样置于装有 100 mL 去离子水的三角瓶（500 mL）。将 10 g 待测土壤样品于 105 ℃下烘干至恒重，然后置于干燥器冷却，称量其重量损失，计算含水率：

$$土壤含水率＝（鲜土质量－风干土质量）/鲜土质量×100\% \qquad (3-1)$$

（2）三角瓶放入摇床振荡，速度为 120 r/min，时间 30 min，使土样成为分散均匀的悬浊液。

（3）用 1 mL 无菌吸管吸取 1 mL 悬浊液到 9 mL 稀释液里，充分振荡，混匀。每次稀释 10 倍，一般稀释至 10^{-6}。

（4）依照不同微生物（细菌、真菌、放线菌）数量的多少，选择适宜的稀释梯度浓度。实验中细菌选择的稀释程度 $1×10^{-7}$，真菌稀释程度则是 $1×10^{-3}$，放线菌稀释程度是 $1×10^{-5}$、每个样品的每个稀释度做 3 个重复。

（5）使用平板法，用 1 mL 无菌吸管分别吸取各个不同稀释梯度的稀释土壤悬浊液 1 mL，放入无菌平皿中，每个平皿放 0.2 mL。然后向平皿中倾倒已融化并冷却至 45 ℃的培养基约 15 mL，与皿内悬浊液充分混匀，待培养基凝固后，倒置皿并密封，放入恒温培养箱。

（6）将接种后的平皿，倒置放于 28～37 ℃恒温箱中培养，最宜天数为：细菌 37 ℃下培养 1～2 天，真菌 28 ℃下培养 4～5 天，放线菌 28 ℃下培养 6～7 天，进行计数。细菌和放线菌选菌落数在 20～200 的平皿进行计数，真菌则选菌落数量在 10～100 的平皿进行计数。

（7）用平板法所接种的算式：

$$每克干土中菌落个数 = 菌落平均个数 \times 稀释倍数 /$$
$$干土所占百分比（单位为 cfu/g） \quad (3\text{-}2)$$

3.2.4　微生物的分离与培养基的配制

好气性细菌的分离与计数——牛肉膏蛋白胨琼脂培养基[130]：

成分	含量
牛肉膏	3.0 g
琼脂	20.0 g
蛋白胨	10.0 g
氯化钠	5.0 g
蒸馏水	1 000 mL
pH	7.0～7.2

芽孢型细菌分离与计数——牛肉膏蛋白胨麦芽汁琼脂培养基[130]：

麦芽汁的制备：干麦芽首先进行粉碎，按麦芽重量的 3～4 倍加水，搅拌均匀后，37 ℃左右浸泡 1 h，然后缓缓加温至 55～63 ℃，保温 4～6 h，糖化结束。取过滤后的清液，加 1.8%琼脂，121 ℃灭菌 20 min，冷却后贮存备用。将麦芽汁琼脂培养基与牛肉膏蛋白胨琼脂培养基分别灭菌后，待冷却至 50 ℃混匀，制成牛肉膏蛋白胨麦芽汁琼脂培养基。

放线菌分离与计数——改良高氏 1 号培养基[130]：

成分	含量
可溶性淀粉	20.0 g
磷酸氢二钾	0.5 g
七水合硫酸亚铁	0.01 g
琼脂	20.0 g
硝酸钾	1.0 g
七水合硫酸镁	0.5 g
氯化钠	0.5 g
蒸馏水	1 000 mL
pH	7.2~7.4

培养基在使用前需加 $K_2Cr_2O_7$ 溶液，抑制真菌和细菌，应在加热融化之后，倒平板之前加热防止温度降低，$K_2Cr_2O_7$ 不易混匀。每 300 mL 培养基中加入 3%重铬酸钾溶液 1 mL（100 mg/L）。

真菌的分离与计数——马丁氏（Martin）孟加拉红培养基[130]：

成分	含量
蛋白胨	5.0 g
磷酸二氢钾	1.0 g
琼脂	20 g
葡萄糖	10.0 g
七水合硫酸镁	0.5 g
蒸馏水	1 000 mL

在使用时，每 1 000 mL 培养基中应加 1%孟加拉红（rose Bengal）水溶液 3.3 mL。目的是抑制大部分细菌及放线菌的生长，用时每 100 mL 培养基中需加 1%链霉素溶液 0.3 mL（30 mg/L）。

3.2.5　数据统计分析

采用 Excel 进行图表和基本数据处理,利用 SPSS 13.0 软件进行统计分析,使用 Canoco for Windows 4.5 进行主成分分析（Principal Component Analysis，PCA）。

3.3　结果与分析

3.3.1　乌梁素海湿地不同植物群落土壤可培养微生物的数量

3.3.1.1　湿地不同植物群落土壤好气性细菌数量分布

好气性细菌是土壤微生物中数量最多的一个类群，由图 3-1 可见，在土壤表层 0～20 cm，除了白刺样地样点，不同植被类型土壤好气性细菌数量差异不明显。总体而言，白刺样地土壤好气性细菌种群数量最高，占全部样点细菌总数的 85%，芦苇样点居中，占 9%，而碱蓬和盐爪爪样地细菌数量最低分别占 4%和 1%（图 3-5）。

3.3.1.2　湿地不同植物群落土壤芽孢杆菌数量分布

芽孢型细菌在土壤微生物对物质分解和转化方面起到很重要的作用，芽孢型细菌数量的增加，加速土壤中有机养分的转化[131]。细菌中的芽孢型细菌（营养型细胞）数量能反映氨化细菌生命活动的强度，芽孢型细菌占好气性细菌的百分比越低，说明土壤的氨化作用越强[131]。由图 3-2 可知，芽孢杆菌在

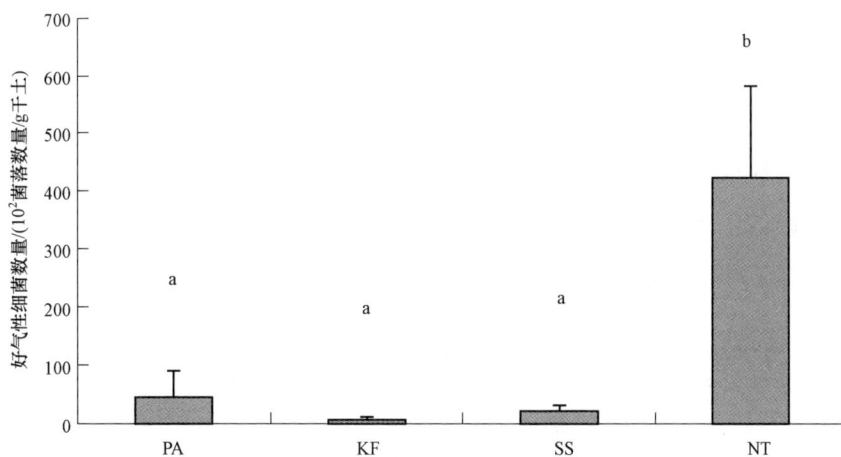

图 3-1　不同植物群落土壤好气性细菌数量分布

图中 PA：芦苇（*Phragmites australis*）样地；KF：盐爪爪（（*Kalidium foliatum*）样地；
SS：碱蓬（*Suaeda salsa*）样地；NT：白刺（*Nitraria tangutorum*）样地。

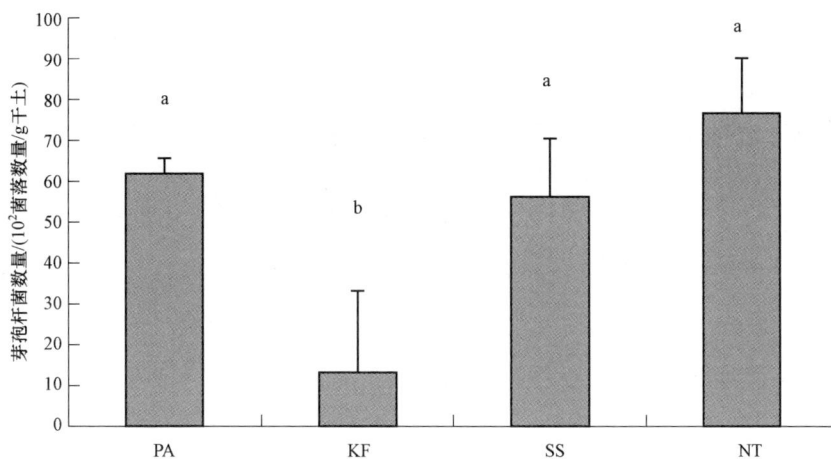

图 3-2　不同植物群落土壤芽孢杆菌数量分布

图中 PA：芦苇（*Phragmites australis*）样地；KF：盐爪爪（*Kalidium foliatum*）样地；
SS：碱蓬（*Suaeda salsa*）样地；NT：白刺（*Nitraria tangutorum*）样地。

各样地数量分布与好气性细菌数量分布有同样的趋势。白刺样地芽孢型细菌
数量最多，占总数的 37%；芦苇样地次之，占 30%；碱蓬和盐爪爪样地最少，
分别占 27% 和 6%（图 3-5）。不同植被类型土壤芽孢型细菌数量除盐爪爪样

41

地外，其他样地数量无显著性差异。各样地芽孢型细菌占好气型细菌的百分比均小于 0.05%（表 3-1），说明各样地土壤氨化微生物活跃程度较强。细菌中芽孢型细菌占好气性细菌的百分比值为：盐爪爪样点＞碱蓬样点＞芦苇样点＞白刺样点。芽孢型细菌数量的增加，有利于枯落物的分解，加速土壤中有机养分的转化[131,132]。本研究各样点芽孢型细菌占好气型细菌的百分比偏低，说明研究样地受植被类型和土壤性质的影响，芽孢细菌的活动受到抑制。

表 3-1　芽孢杆菌占好气性细菌数量百分比

采样点	好气性细菌数量/（10^6 cfu/g 干土）	芽孢杆菌/（10^2 cfu/g 干土）	（芽孢杆菌/好气性细菌）/%
PA	44.67	61.67	0.014 0
KF	4.67	13.00	0.028 0
SS	22.67	56.33	0.025 0
NT	423.67	76.67	0.001 8

3.3.1.3　湿地不同植物群落土壤放线菌数量分布

放线菌与土壤腐殖质的含量有关，对土壤中的物质转化也具有一定的作用，多分布在有机物较丰富的碱性土壤中。由图 3-3 可知，不同植被类型土壤在 0～20 cm 土层中放线菌数量均无显著性差异。放线菌菌落数量为：白刺＞碱蓬＞芦苇＞盐爪爪；各样地分别占放线菌总数的 38%、32%、18% 和 12%（图 3-5）。

3.3.1.4　湿地不同植物群落土壤真菌数量分布

真菌是参与土壤中有机质分解过程的主要成员之一。在 0～20 cm 土层中，白刺群落与其他植被生境土壤真菌数量呈显著性差异（$P < 0.05$）。整体来看，真菌数量显著偏低，尤其是在芦苇和盐爪爪群落。白刺样地真菌数量最多，碱蓬样地次之，芦苇和盐爪爪样地真菌最少，与放线菌的变化规律一

致（图 3-4）。各样地真菌的分布为：64%、31%、4% 和 1%（图 3-5）。

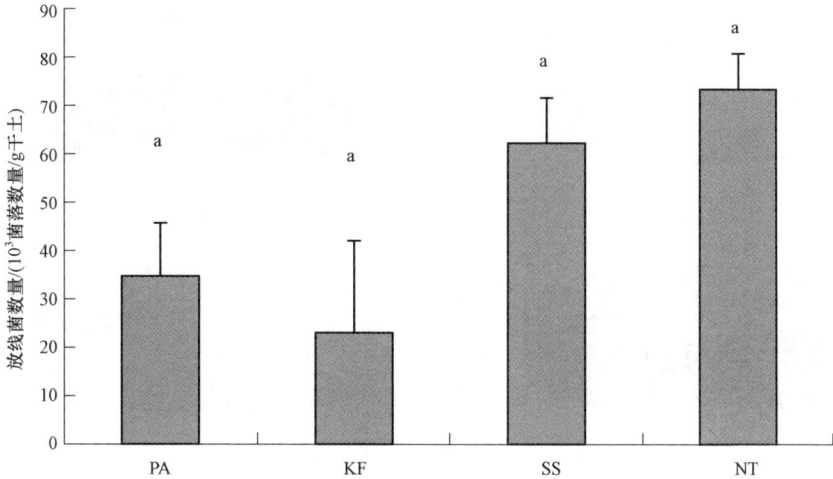

图 3-3　不同植物群落土壤放线菌数量分布

图中 PA：芦苇（*Phragmites australis*）样地；KF：盐爪爪（*Kalidium foliatum*）样地；

SS：碱蓬（*Suaeda salsa*）样地；NT：白刺（*Nitraria tangutorum*）样地。

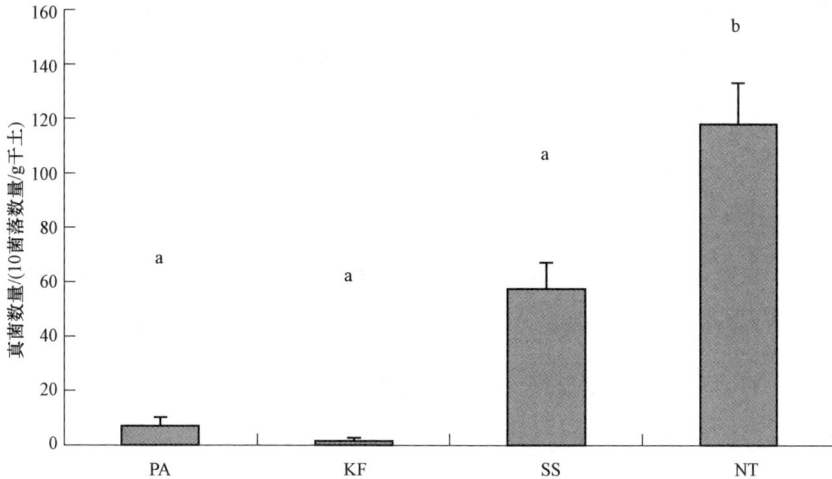

图 3-4　不同植物群落土壤真菌数量分布

图中 PA：芦苇（*Phragmites australis*）样地；KF：盐爪爪（*Kalidium foliatum*）样地；

SS：碱蓬（*Suaeda salsa*）样地；NT：白刺（*Nitraria tangutorum*）样地。

好气性细菌

芽孢杆菌

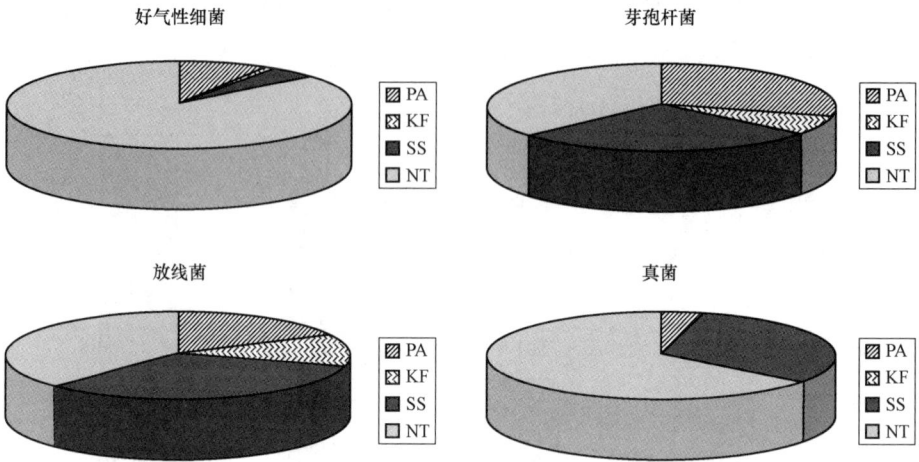

放线菌

真菌

图 3-5　不同生境土壤微生物数量比较

图中 PA：芦苇（*Phragmites australis*）样地；KF：盐爪爪（*Kalidium foliatum*）样地；

SS：碱蓬（*Suaeda salsa*）样地；NT：白刺（*Nitraria tangutorum*）样地。

由图 3-1～图 3-5 的比较中可以看出，可培养微生物在湿地不同植物群落样地表层土壤的分布数量相差较多，但所有样地都有一个共同的特点是好气性细菌数量占绝对优势，在可培养微生物总量中占相当高的比例，其次是放线菌，真菌数量最低，比好气性细菌低 6～7 个数量级。表明湿地不同植被类型土壤中优势微生物都是好气性细菌。由于其占可培养微生物总数的绝大多数，可培养微生物总数在不同植被生境的变化规律与好气性细菌数量变化一致。以往研究认为细菌与放线菌适宜在中性或微碱性的土壤环境中生长，真菌在碱性环境中生长较差，而乌梁素海湿地土壤呈强碱性，导致好气性细菌和放线菌数量明显高于真菌。不同植被群落与基质相互影响，形成不同的生态条件，为微生物生长、繁殖提供了不同的物质、能量来源，不同的生存环境，进而导致可培养微生物种群数量和结构的多样化。

3.3.1.5　主成分分析

将影响湿地土壤可培养微生物数量的土壤理化性质、好气性细菌、真菌和放线菌种群数量进行主成分分析[133]。主成分个数提取原则为主成分对应的特征值≥1 的前 *n* 个主成分，且当前 *n* 个主成分的累积方差贡献率达到某一特定值，一般采用 70%以上[133]。从总方差分解得出，第一主成分方差所携带的信息最多，方差贡献率为 89.8%，第二主成分方差贡献率为 8.7%，第三主成分方差贡献率为 1.4%，从方差贡献率大小可以看出第一主成分更为重要[134-136]。通过主成分分析（图 3-6），影响乌梁素海湿地土壤可培养微生物数量的主要因子是土壤有机碳、土壤 pH、土壤总氮和碳氮比。放线菌和真菌与土壤碳氮比相关性最大。芽孢杆菌与有机碳相关程度最高，与总磷、含水率呈负相关。

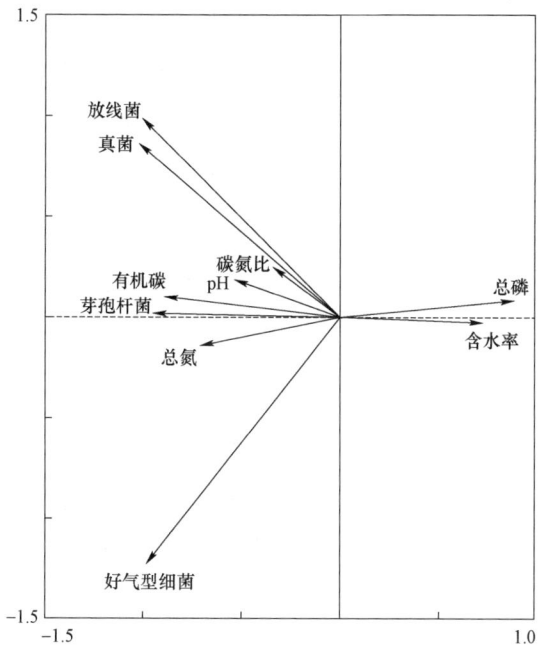

图 3-6　可培养微生物与土壤环境因子的主成分分析

　　土壤微生物作为生态系统的重要组成部分，受到植被和土壤性质的重要影响。从上述主成分分析可以看出，湿地土壤可培养微生物数量除与地上植被的分布相关外，土壤基质的性质如：有机质、pH、土壤水分含量、土壤总磷、总氮等都会对其造成影响。湿地微生物研究的采样地虽然基本处在相同的土壤地形地貌条件下，但不同的植被类型对土壤环境因子影响程度有显著差异[137-143]，进而影响微生物数量的分布。因此，在接下来的研究中，应展开土壤的物理结构、地形地貌、植被与土壤以及微生物种群之间的相互作用对土壤微生物群落的影响，才能更全面、详细地分析影响微生物的主要因素。

3.3.2 乌梁素海湿地沉积物可培养微生物的数量

3.3.2.1 湿地沉积物好气性细菌数量分布

由图 3-7 可见，乌梁素海湿地不同位置采集的沉积物好气性细菌数量有一定差异。BW1、BW2 和 XHK 样点与 TS、HGB 样点有明显差异。总体而言，BW2 样点和 XHK 样点土壤好气性细菌种群数量最高，分别占全部样点好气性细菌总数的 38%和 34%，BW1 样点居中，占 23%，而 TS 样点和 HGB 样点好气性细菌数量最低分别占 3%和 2%（图 3-11）。

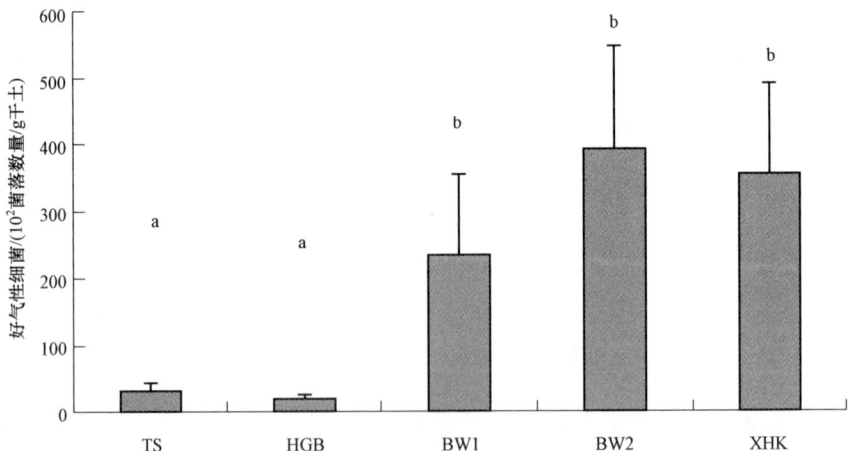

图 3-7　不同采样点沉积物好气性细菌数量分布

图中 TS：退水处样点；HGB：红圪卜样点；BW1：坝湾 1 样点；

BW2：坝湾 2 样点；XHK：小河口样点。

3.3.2.2　湿地沉积物芽孢杆菌数量分布

由图 3-8 可知,除了 XHK 样点外,其他样点芽孢杆菌数量无显著性差异。TS 样点芽孢型细菌数量最多,占总数的 24%；BW1 样点芽孢型细菌数量占 24%；HGB 和 BW2 样点芽孢型细菌数量分别占 21%和 19%；XHK 样点芽孢型细菌数量较少,与其他样点有显著性差异,占总数的 11%(图 3-11)。各样地芽孢型细菌占好气性细菌的百分比均小于 0.1%(表 3-2),说明沉积物样地氨化微生物活跃程度较强。

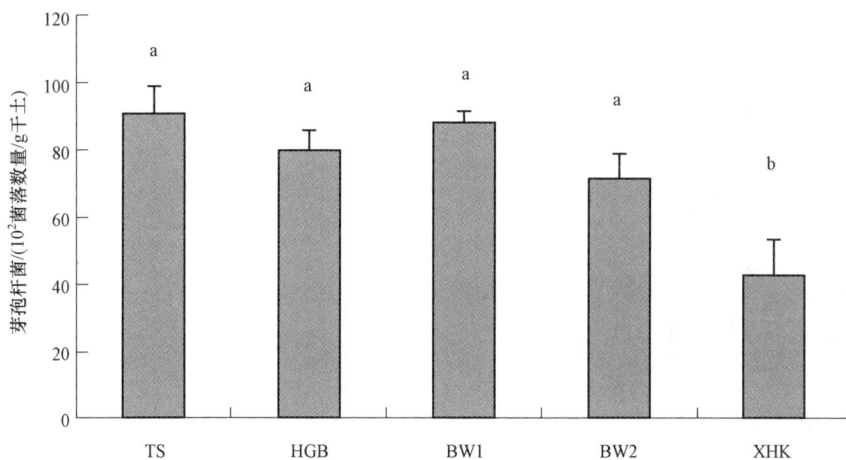

图 3-8　不同采样点沉积物芽孢杆菌数量分布

图中 TS：退水处样点；HGB：红圪卜样点；BW1：坝湾 1 样点；

BW2：坝湾 2 样点；XHK：小河口样点。

表 3-2　芽孢杆菌占好气性细菌数量百分比

好气性细菌数量/ (10^6 cfu/g 干土)	芽孢杆菌/ (10^2 cfu/g 干土)	(芽孢杆菌/好气性细菌)/ %
34.33	90.67	0.003 8
21.67	80.00	0.002 7
232.67	88.67	0.026 0
388.67	71.67	0.054 0
354.67	42.67	0.083 0

3.3.2.3　湿地沉积物放线菌数量分布

由图 3-9 可知，沉积物放线菌数量除 TS 样点外，其他样点放线菌数量均无显著性差异。TS 样点放线菌数量最多，占总数的 58%，与其他四个样点放线菌数量有显著差异。TS 样点放线菌数量是 HGB、XHK、BW1、BW2 样地的 3 倍、6 倍、7 倍和 17 倍。HGB、XHK、BW1、BW2 分别占总数的 21%、9%、8% 和 3%（图 3-11）。

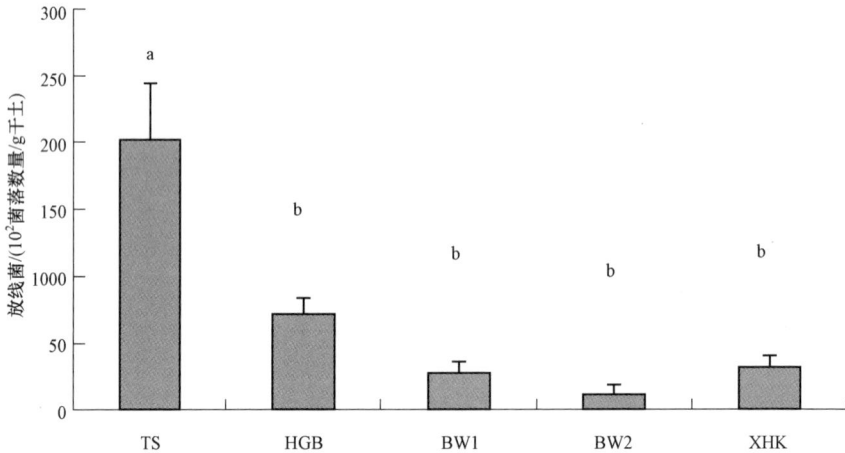

图 3-9　不同采样点沉积物放线菌数量分布

图中 TS：退水处样点；HGB：红圪卜样点；BW1：坝湾 1 样点；
BW2：坝湾 2 样点；XHK：小河口样点。

3.3.2.4　湿地沉积物真菌数量分布

由图 3-10 可知，各不同采样点沉积物样品中真菌数量无显著性差异。从微生物类群整体来看，真菌数量显著偏低。HGB、BW1、BW2、TS 和 XHK 样地分别占总数的 39%、33%、22%、3% 和 2%（图 3-11）。

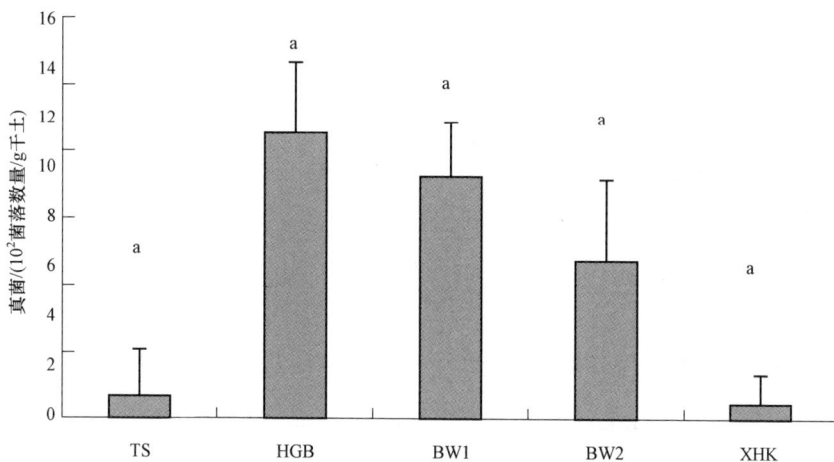

图 3-10　不同采样点沉积物真菌数量分布

图中 TS：退水处样点；HGB：红圪卜样点；BW1：坝湾 1 样点；
BW2：坝湾 2 样点；XHK：小河口样点。

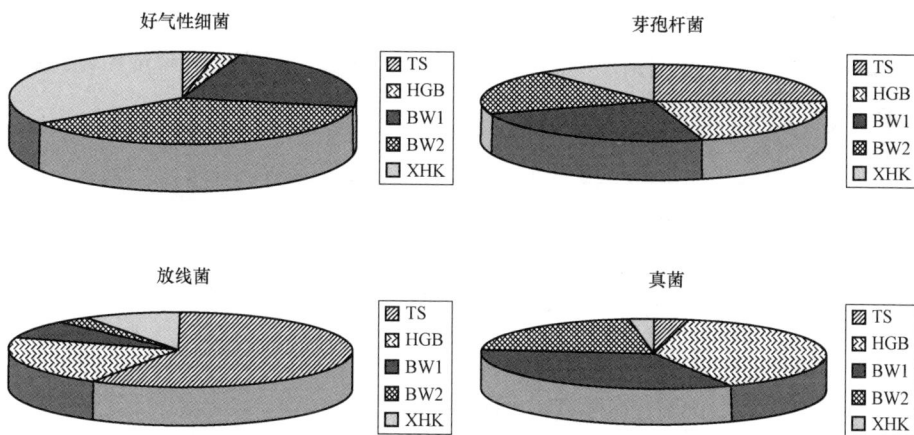

图 3-11　不同采样点沉积物微生物数量比较

图中 TS：退水处样点；HGB：红圪卜样点；BW1：坝湾 1 样点；
BW2：坝湾 2 样点；XHK：小河口样点。

由图 3-7～图 3-11 的分析中可以看出，沉积物样品同样是好气性细菌数量呈现绝对优势，其次是放线菌，而真菌数量最低，比好气性细菌低 6～7 个数量级。好气性细菌占可培养微生物总数的绝大比例，可培养微生物总数的变化规律与好气性细菌数量一致。沉积物环境呈现偏碱性，不利于真菌的生长繁殖，且常年积水导致通气状况不良也抑制了真菌的生存，因此导致真菌数量显著偏低。整体来看，不同采样点的沉积物样品中，除个别样点外，可培养微生物类群数量均无显著性差异，表明虽位置不同，但生境环境较一致，决定了可培养微生物在数量上较相似。

3.3.2.5 主成分分析

将影响沉积物可培养微生物数量的土壤理化性质、好气性细菌、真菌和放线菌种群数量进行主成分分析（图 3-12）。从总方差分解得出，第一主成分方差贡献率最大，为 70.1%，所包含的信息量最大，第二主成分方差贡献率为 27.8%，第三主成分方差贡献率很小，为 1.8%。从方差贡献率大小可以看出第一主成分最为重要。通过主成分分析，影响乌梁素海湿地沉积物可培养微生物种群数量的主要因子是土壤有机碳、土壤 pH、土壤总氮、总磷、含水率和碳氮比。好气性细菌与总氮、有机碳相关性最大；放线菌和沉积物总磷、pH 相关性最大。

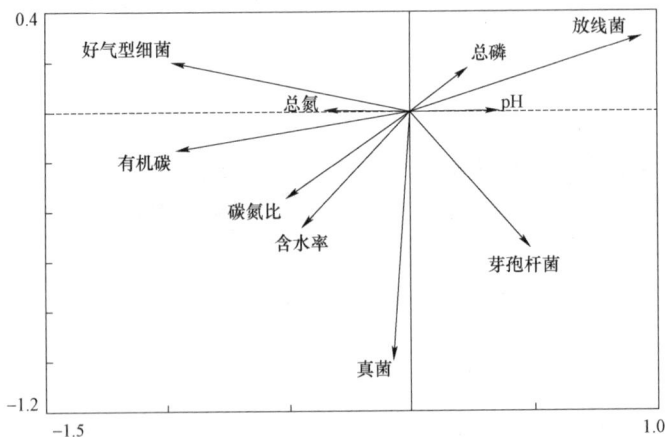

图 3-12 可培养微生物与沉积物环境因子的主成分分析

从主成分分析可以看出，沉积物可培养微生物种群数量主要受到基质的有机质、pH、水分含量、土壤总磷、总氮等的影响。由于本研究对理化性质测定的有限性，在接下来的研究中，应展开更全面的理化因子测定，同时对水温、水深等水相特征进行研究，分析其与微生物数量之间的相互作用关系，才能更全面地分析影响沉积物微生物数量的主要因素。

3.4　小　　结

本章研究了乌梁素海湿地土壤和沉积物可培养微生物的数量和分布特征及与环境因子的关系，研究结果表明：

（1）乌梁素海湿地好气性细菌数量占绝对优势，真菌数量少。湿地不同植物群落土壤中，白刺样地各类微生物类群（好气性细菌、芽孢型细菌、放线菌和真菌）数量最多；盐爪爪样地各类微生物数量最少。好气性细菌和芽孢型细菌数量分布规律一致，均为：白刺样地数量最多；芦苇样地次之；碱蓬和盐爪爪样地最少。放线菌和真菌数量分布规律一致，表现为：白刺＞碱蓬＞芦苇＞盐爪爪。

（2）乌梁素海湿地沉积物好气性细菌数量占可培养微生物总量比例最高，真菌数量少。沉积物不同采样点中，好气性细菌数量在 BW2 样点和 XHK 样点最高；芽孢型细菌数量在 TS 样点和 BW1 样点最多；放线菌数量在 TS 样点最多；真菌数量在 HGB 样点最多。

（3）将影响湿地土壤和沉积物可培养微生物数量的土壤理化性质、细菌、真菌和放线菌种群数量进行主成分分析。湿地土壤中放线菌和真菌与土壤碳氮比相关性最大。芽孢杆菌与有机碳相关程度最高，与总磷、含水率呈负相关。沉积物中，好气性细菌与总氮、有机碳相关性最大；放线菌和沉积物总磷、pH 相关性最大。

第 4 章
乌梁素海湿地细菌
群落结构分析

4.1　前　　言

　　微生物在生态系统功能中发挥着极其重要的作用，研究微生物群落结构和组成以及它们对环境干扰的反应和适应性，对于维持和恢复生态系统的生态功能十分重要[13]。科学技术的不断进步推动着微生物生态学研究方法不断革新，从最初的微生物纯培养到 20 世纪 90 年代的微生物分子生物学技术，如变性梯度凝胶电泳（polymerase chain reaction-denaturing gradient gel electrophoresis，PCR-DGGE）[144]、末端限制性片段长度多样性（terminal restriction fragment length polymorphism，T-RFLP）[145]、克隆文库（cloning）[146]和荧光原位杂交（fluorescence in situ hybridization，FISH）[147]等，这些方法的应用极大促进了对各种生态系统微生物的生态和功能的研究。自从 2005 年第二代测序技术（next-generation DNA sequencing method）的出现，使得微生物生态学的研究更加深入。这种高通量、低成本的测序技术已经被应用于多种生态系统（如海洋、海底沉积物、人体肠道等）的微生物多样性研究中[148-151]。

　　本章主要利用高通量测序方法对乌梁素海湿地土壤及沉积物的细菌 16S rRNA 基因进行研究，分析湿地土壤及沉积物中细菌群落结构多样性及优势微生物，探讨其与土壤理化性质间的相互关系。为开发利用微生物资源、湿地功能的恢复与重建奠定理论基础。

4.2　研究方法

4.2.1　样地设置与样品采集

样地设置与样品采集见 2.2.1。

4.2.2　研究技术路线图

具体技术路线图见 2.2.2。

4.2.3　454 测序实验流程

454 测序实验流程主要有以下几个步骤：

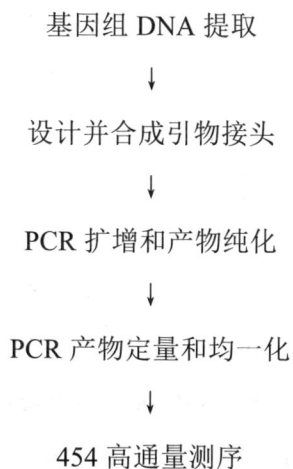

基因组 DNA 提取

↓

设计并合成引物接头

↓

PCR 扩增和产物纯化

↓

PCR 产物定量和均一化

↓

454 高通量测序

4.2.4　土壤宏基因组 DNA 提取

将各样地 0～20 cm 表层平行土壤样品或沉积物样品混匀，使用李靖宇等[152]建立的 DNA 提取方法提取样品中宏基因组 DNA。

4.2.5　16S rRNA 基因序列扩增

以样品宏基因组 DNA 为模板，利用带有"5'454 A、B 接头—特异引物 3'"的融合引物，扩增细菌 16S rRNA 基因 V1～V3 区片段。20 μL PCR 反应体系。循环条件为：95 ℃预变性 2 min；95 ℃变性 0.5 min，55 ℃退火 0.5 min，72 ℃延伸 0.5 min，共 25 个循环；最后 72 ℃延伸 5 min。PCR 扩增后，用 QuantiFluor^{TM}-ST 蓝色荧光定量系统（Promeg 公司，CA&USA）确定反应产物的浓度，Roche GS-FLX 454 测序平台（Roche、Mannheim、Germany）进行测序。

数据分析过程如下：对得到的全部序列进行比对，去除序列末端的后引物和接头序列，去除引物和长度小于 200 bp，模糊碱基数大于 0、序列平均质量低于 25 的序列，可得到供精准分析的优化序列。使用 seqcln 检测接头和修剪末端，使用 mothur 筛选序列。确定可操作分类单元（Operational Taxonomic Units, OTUs），将优化后的序列在相似性为 97% 的水平上进行各样品的 OTUs 生成，并进行 Silva 数据库（http://www.arb-silva.de/）的 16S rRNA 基因序列比对，以便分析不同深度的群落组成差异。绘制稀缺性曲线（rarefaction curve），计算菌群丰富度——Chao1 指数、基于丰度的覆盖估计值（Abundance-based Coverage Estimator, ACE）、香农多样性指数（Shannon's Diversity Index, SHDI）。所有分析均由 mothur 软件[153]计算完成。利用 Good 提出的 Coverage C 来估算高通量测序的覆盖度[154]，该指数反映本次测序结果是否代表了样品中微生物的真实情况：

$$C=[1-n_1/N]\times100\% \tag{4-1}$$

式中：n_1——只含有一条序列的 OTU 数目；

　　　N——抽样中出现的总序列数目。

所有序列已经提交至 NCBI SRA（Sequence Read Archive）数据库，检索号为 SRA 091095。

4.3　结果与分析

4.3.1　乌梁素海湿地高通量测序的统计学分析

本研究利用高通量测序方法，共获得 4 个典型植物群落的湿地土壤样品 41 642 条细菌 16S rRNA 基因序列，经过筛选，36 749 条序列属于优化序列。表 4-1 对各样品的有效序列和优化序列数据量进行了统计。在盐爪爪植被土壤中得到的优化序列最多，为 13 573 条，碱蓬植被土壤得到的优化序列最少，为 6 692 条。序列的平均读长为 478 bp。

表 4-1　各样品序列数据统计

样本	有效序列	修剪	百分比/%
PA	9 856	8 707	88.34
KF	15 185	13 573	89.38
SS	7 403	6 692	90.40
NT	9 198	7 777	84.55
所有样点	41 642	36 749	88.25

稀释性曲线是从样本中随机抽取一定数量的个体，统计这些个体所代表的物种数目，并以个体数与物种数来构建曲线。它可以用来比较测序数据量不同的样本中物种的丰富度，也可以用来说明样本的测序数据量是否合理。通过作稀释性曲线，可得出样品的测序深度情况。随着测得序列的增多，所得 OTUs 的数量也随之上升，该稀释曲线无限接近于样品中所包含 OTUs 的最大值，如图 4-1 所示。Roesch 认为测序数量达到 5 000～10 000 条时，仍然未能全部获取湿地土壤样品中菌群的 OTUs[155]，而本研究 4 个典型植被土壤细菌序列的稀缺性曲线表明，随着测序数量的增加，曲线趋于平缓，上升的

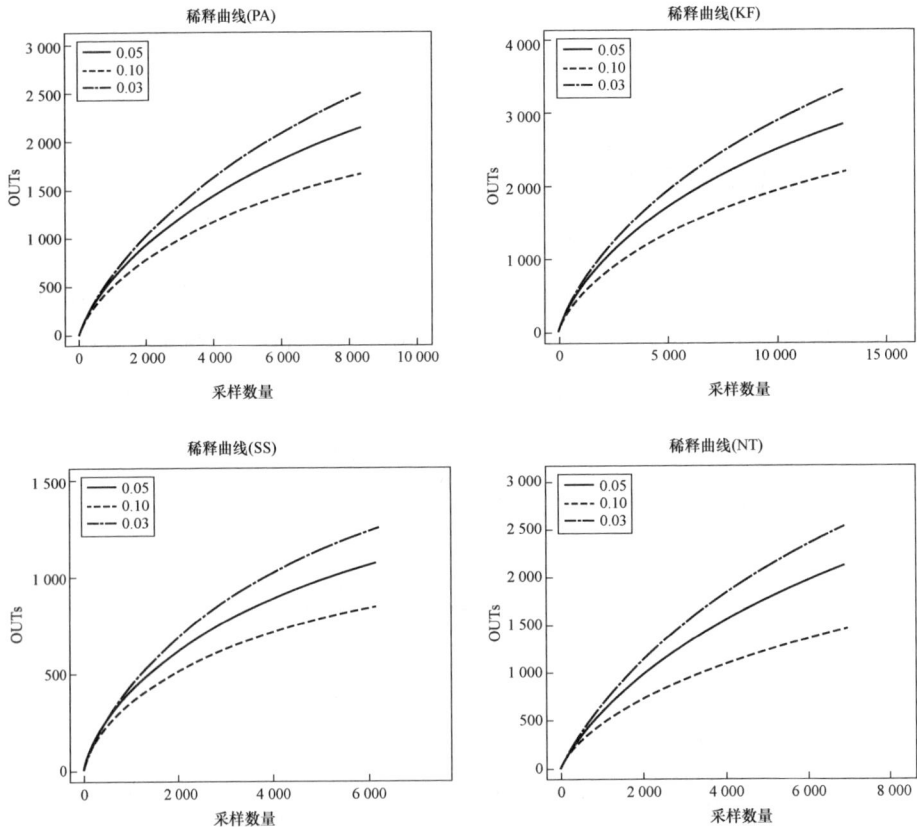

图 4-1　湿地不同植物群落土壤细菌群落 OTUs＝0.03、0.05、0.10 时的稀缺性曲线

图中 PA：芦苇（*Phragmites australis*）样地；KF：盐爪爪（*Kalidium foliatum*）样地；

SS：碱蓬（*Suaeda salsa*）样地；NT：白刺（*Nitraria tangutorum*）样地。

趋势逐渐变小，说明本研究焦磷酸测序获得了样品中大部分细菌序列，虽然仍处于不饱和状态，但是测序量基本能够反映该区域细菌群落的种类和结构。同时，从 4 个不同植物群落土壤样品的测序覆盖度（Coverage%）数值也能说明这一点。由表 4-2 可知，在 97%的相似性水平上，4 个不同植被土壤样品的细菌序列覆盖度在 78%～92%之间，说明本研究已获取了绝大多数样本细菌序列信息。

表 4-2　97%相似性水平上不同植物群落土壤细菌群落丰富度指数

样带位置	OTUs 数量*	Chao1	ACE	SHDI/H'	辛普森多样性指数	覆盖度/%
PA	2 511	4 286	6 308	6.94	0.004	84
KF	3 303	5 357	7 227	7.10	0.004	87
SS	1 236	1 678	1 839	5.75	0.020	92
NT	2 538	4 709	7 067	7.01	0.004	78
所有样点	7 277	—	—	—	—	—

*OTUs 数量在四个采样点总数小于各个样点的 OTUs 数量加和，是由不同样点中有重复 OTUs 导致。

为了估计环境样品中的物种丰富，表 4-2 计算了统计学参数 ACE 和 Chao1 指数。数据表明，4 个不同植物群落土壤样品中细菌序列的 OTUs、ACE 和 Chao1 指数有所不同，但差异不大，除了测得序列数量相对较少的碱蓬样地。湿地不同植物群落土壤样品中，OTUs、ACE 和 Chao1 指数最大值是出现在盐爪爪样地。与丰富度指数变化情况相同，4 个不同植物群落土壤样品中细菌序列的 SHDI 也表现出同样的变化趋势，SHDI 在盐爪爪样地最大，为 7.10（0.03），在碱蓬样地最小，为 5.75（0.03）。

4.3.2　湿地不同植物群落土壤细菌群落多样性特征分析

所有 36 749 条序列分属于细菌的 41 个门，由图 4-2 可知，其中主要的门包括变形菌门（Proteobacteria）、拟杆菌门（Bacteroidetes）、放线菌门（Actinobacteria）、绿弯菌门（Chloroflexi）、厚壁菌门（Firmicutes）、芽单胞菌门（Gemmatimonadetes）、酸杆菌门（Acidobacteria），这些微生物在其他相关研究中也曾被报道为优势菌群[156,157]。这表明尽管样点与研究目的不同，但是处于相似生境相似环境因子的微生物类群较相近。但同时本研究发现，影响微生物分布的因素十分复杂，有些研究的结论与本研究的结果有很大不同。如 Janssen[158]的研究中指出，变形菌门（Proteobacteria），酸杆菌门（Acidobacteria）和放线菌门（Actinobacteria）在土壤中是分布最广的类群，拟杆菌门（Bacteroidetes）和绿弯菌门（Chloroflexi）不是土壤中的优势类群，但本研究中这两大类群却是分布极其丰富的。此外，无法归类的细菌占细菌序列总数的 5%左右，说明乌梁素海湿地土壤中还保存着一大批有待开发、认识的菌种资源。

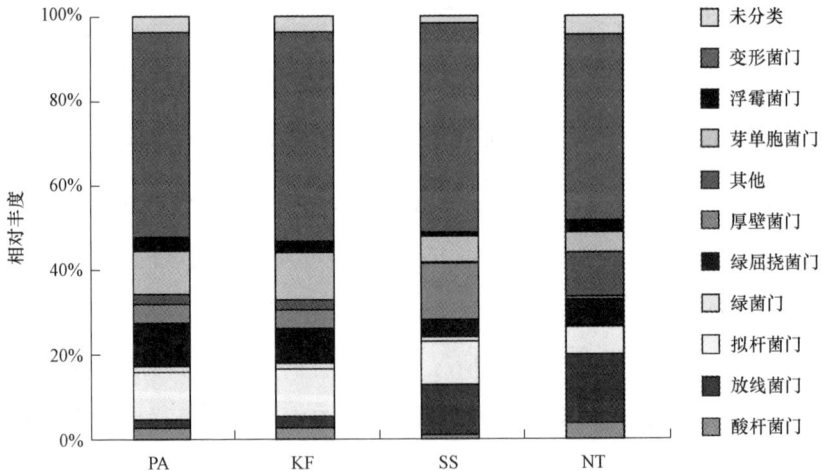

图 4-2　湿地不同植物群落土壤中在门的水平主要的细菌组成

为了更详细地获取湿地不同植物群落土壤细菌在门分类学水平上的信息，对高通量测序获取的序列基于门的水平的分类做了进一步的分析，如图 4-3 所示。不同的门占细菌总量的相对比例越大，在图中颜色越深。由图 4-3

可知，优势细菌类群为变形菌门（Proteobacteria）、拟杆菌门（Bacteroidetes）、放线菌门（Actinobacteria）、绿弯菌门（Chloroflexi）等；通过测序能够检测到，但占细菌相对比例较小的类群主要有硬单胞菌门（Armatimonadetes）、脱铁杆菌门（Deferribacteres）、迷踪菌门（Elusimicrobia）、纤维杆菌门（Fibrobacteres）、黏胶球形菌门（Lentisphaerae）、硝化螺旋菌门（Nitrospirae）、细菌候选门（TA06）和柔膜菌门（Tenericutes）等。从细菌群落结构分布状况对湿地不同植物群落土壤样地进行聚类分析，可以看出芦苇（PA）样地和盐爪爪（KF）样地细菌群落分布较为相似，其次是与碱蓬（SS）样地，最后与白刺（NT）样地聚为一类。从芦苇（PA）样地-白刺（NT）样地是依次沿着与湖滨带垂直方向从湖滨到岸上陆地进行分布，样地格局决定了芦苇（PA）样地和盐爪爪（KF）样地土壤质地、理化性质等较相近，其次是与碱蓬（SS）样地，最后与白刺（NT）样地。以上也可以推断出土壤结构与性质是影响细菌群落分布的主导因素之一。Hollister 等[156]也得出同样的结论。

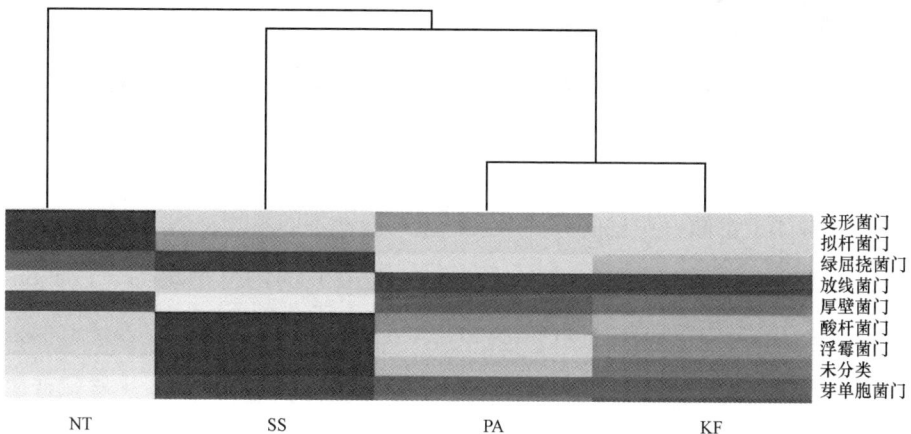

图 4-3　湿地细菌基于门分类学水平的热点图

由图 4-4 可知，在纲的分类学水平上，本研究发现湿地不同植物群落土壤环境中主要的细菌类群如下：变形菌门（Proteobacteria）分支中的 ε-变形菌纲（Epsilon-proteobacteria）（4%～19%）、δ-变形菌纲（Delta- proteobacteria）

（3%～18%）和 γ-变形菌纲（Gamma-proteobacteria）（9%～17%）占绝对优势，同时 α-变形菌纲（Alpha-proteobacteria）、芽单胞菌门（Gemmatimonadetes）、厌氧绳菌纲（Anaerolineae）、拟杆菌纲（Bacteroidia）、β-变形菌纲（Beta-proteobacteria）也是纲水平上主要的类群，分别占细菌总量的 4%～15%、1%～11%、1%～6%、1%～6%和 2%～4%。在纲的分类学水平上，无法归类的细菌占细菌序列总数的 6%～12%左右。

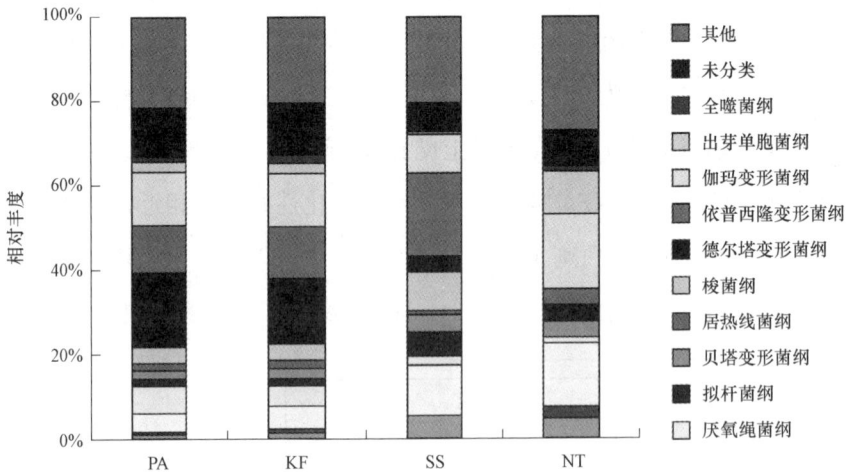

图 4-4　湿地不同植物群落土壤中在纲的水平主要的细菌组成

由图 4-5 可知，在目的分类学水平上，湿地不同植物群落土壤环境中主要的细菌类群包括：变形菌门（Proteobacteria）的 ε-变形菌纲（Epsilon-proteobacteria）中弯曲菌目（Campylobacterales）占细菌总量的 4%～19%、变形菌门（Proteobacteria）的 δ-变形菌纲（Delta-proteobacteria）中脱硫杆菌目（Desulfobacterales）占 1%～12%，在目的分类学水平上占优势的类群还包括梭菌目（Clostridiales）（1%～9%）、厌氧绳菌目（Anaerolineales）（1%～6%）、拟杆菌目（Bacteroidales）（1%～6%）、酸微菌目（Acidimicrobiales）（1%～5%）。在目的分类学水平上，无法归类的细菌占细菌序列总数的 10%～21%左右。

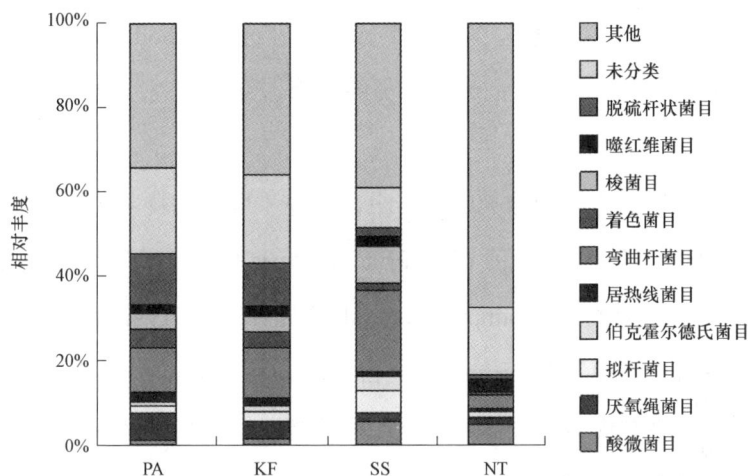

图 4-5　湿地不同植物群落土壤中在目的水平主要的细菌组成

图 4-6 表明，在科的分类学水平上，湿地不同植物群落土壤环境中主要的细菌类群包括：变形菌门（Proteobacteria）ε-变形菌纲（Epsilon-proteobacteria）弯曲菌目（Campylobacterales）中螺杆菌科（Helicobacteraceae）占细菌总量 3%～17%，占优势的微生物类群还包括厌氧绳菌科（Anaerolineaceae）（1%～6%）、脱硫杆菌科（Desulfobacteraceae）（1%～7%）、

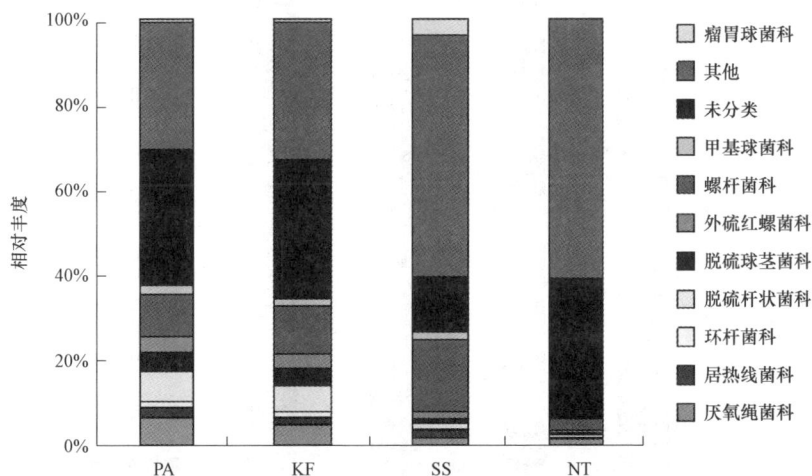

图 4-6　湿地不同植物群落土壤中在科的水平主要的细菌组成

Desulfobulbaceae（1%～5%）、外硫红螺旋菌科（Ectothiorhodospiraceae）（1%～4%）。在科的分类学水平上，无法归类的细菌占细菌序列总数的 13%～33% 左右。

图 4-7 表明，在属的分类学水平上，湿地不同植物群落土壤环境中主要的细菌类群包括：变形菌门（Proteobacteria）ε-变形菌纲（Epsilonproteobacteria）弯曲菌目（Campylobacterales）螺杆菌科（Helicobacteraceae）中无机营养型硫单胞菌（Sulfurimonas）占细菌总量 3%～15%，是所有可分类的细菌属中占绝对优势的类群。此外，甲基微菌属（*Methylomicrobium*）、硫碱螺旋菌属（*Thioalkalispira*）、硫碱弧菌属（*Thioalkalivibrio*）、弓形杆菌属（*Arcobacter*）、脱硫棍棒形菌属（*Desulforhopalus*）、硫卵菌属（*Sulfurovum*）等占细菌相对总量的比例都大于 1%。在属的分类学水平上，无法归类的细菌占细菌序列总数的 27%～51%左右。

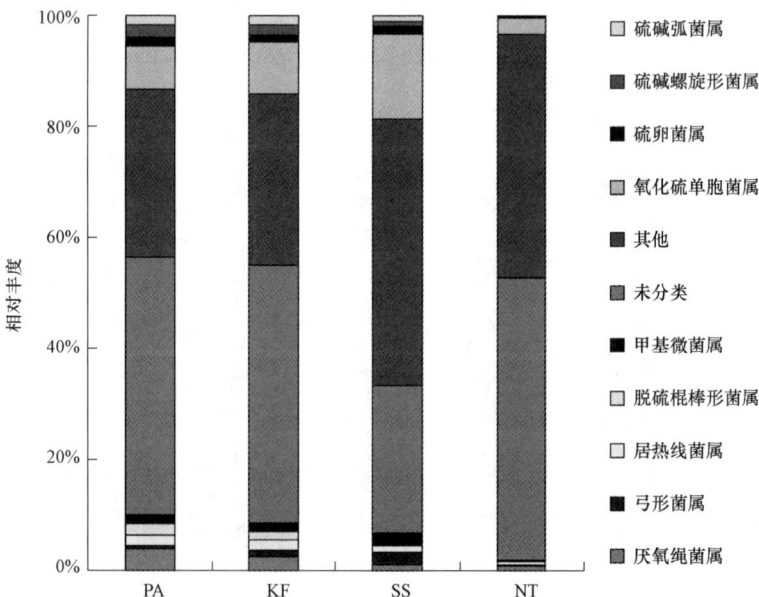

图 4-7　湿地不同植物群落土壤中在属的水平主要的细菌组成

表 4-3 也对各样地所获得的 OTUs 进行了统计，将湿地 4 个不同植物群落样点的 OTUs 数量排前 10 位的类群进行了归纳，结果见表 4-3。

表 4-3　不同植物群落样点中 OTUs 数量前 10 的细菌类群

OTU#	样带位置				门	属
	PA	KF	SS	NT		
1 332	—	—	2.15	—	放线菌门	丙酸杆菌属
1 052	—	—	—	1.52	放线菌门	类诺卡氏菌属
871	—	—	—	1.26	拟杆菌门	海洋杆菌属
1 342	—	—	2.17	—	未分类细菌	—
1 072	—	—	1.73	—	拟杆菌门	普雷沃氏菌属
1 092	—	—	1.76	—	杆菌	葡萄球菌属
3 443	3.80	2.64	—	—	绿弯菌门	厌氧绳菌属
2 352	2.01	1.80	—	—	绿弯菌门	居热线菌属
1 292	—	—	—	1.86	芽单胞菌门	出芽单胞菌属
1 371	—	—	2.18	—	变形菌门	弓形菌属
1 321	1.48	—	—	—	变形菌门	脱硫杆状菌属
1 861	1.79	1.42	—	—	变形菌门	脱硫棍棒形菌属
2 192	1.95	1.68	—	—	变形菌门	脱硫棒状菌属
2 362	1.71	1.81	1.84	—	变形菌门	甲基微菌属
12 470	7.87	9.54	15.36	2.92	变形菌门	氧化硫单胞菌属
1 511	1.73	1.16	1.54	—	变形菌门	硫卵菌属
2 502	2.11	1.92	—	—	变形菌门	硫碱螺旋形菌属
2 152	1.81	1.65	—	—	变形菌门	硫碱弧菌属
1 621	—	1.24	—	—	变形菌门	脱硫球茎菌属
1 132	—	—	1.83	—	变形菌门	苍白杆菌属
3 886	—	—	6.28	—	变形菌门	副球菌属
1 422	—	—	—	2.05	变形菌门	肠杆菌属
1 903	—	—	—	2.74	变形菌门	盐单胞菌属

OTU#	样带位置				门	属
	PA	KF	SS	NT		
1 102	—	—	—	1.59	变形菌门	亚硝化单胞菌属
4 578	—	—	—	6.60	变形菌门	假单胞菌属
1 021	—	—	—	1.47	变形菌门	梭菌属
2 023	—	—	—	2.92	变形菌门	鞘氨醇单胞菌属
合计	26.26	24.86	36.84	23.69		

进一步对各门、纲、目、科、属相对含量的分布研究表明湿地不同植被群落土壤主要细菌群落结构存在差异。放线菌门（Actinobacteria）的相对含量从芦苇样点的 1.85% 增加到白刺样点的 16.39%，而拟杆菌门（Bacteroidetes）的相对含量从芦苇样点的 11.39% 下降到白刺样点的 6.45%。变形菌门（Proteobacteria）中 δ-变形菌纲（Delta-proteobacteria）在芦苇样点和盐爪爪样点中分布最广，但在碱蓬样点和白刺样点却分别是 ε-变形菌纲（Epsilon-proteobacteria）、γ-变形菌纲（Gamma-proteobacteria）分布最为丰富。由上可知，变形菌门（Proteobacteria）中 δ-变形菌纲（Delta-proteobacteria）、ε-变形菌纲（Epsilon-proteobacteria）、γ-变形菌纲（Gamma-proteobacteria）是乌梁素海湿地的主要类群，而在森林和草原土壤中却是 α-变形菌纲（Alpha-proteobacteria）、β-变形菌纲（Beta-proteobacteria）占优势[159]。以前的报道指出 ε-变形菌纲（Epsilon-proteobacteria）仅在油田环境中是主要的微生物类群[160]，但本研究在乌梁素海湿地环境也发现 ε-变形菌纲（Epsilon-proteobacteria）在纲的分类学水平上是优势的类群。

4.3.3 湿地土壤细菌优势类群与基质条件相关性分析

自然生态系统中影响土壤细菌群落多样性的因素很多，如植被类型、土壤结构与组成、气候变化等[161-163]。从表 4-4 中可以看出，在乌梁素海湿地土壤中影响细菌群落分布的主要因素为含水率、总氮（TN）和总磷（TP），有机碳（OC）对细菌的分布有一定的影响，但未达到显著相关的程度。与含水率、总氮（TN）和总磷（TP）三个环境因子相比，有机碳（OC）对土壤细菌分布影响的贡献相对较小。pH 除对个别细菌类群有影响外，大部分细菌类群与 pH 没有相关性。放线菌门（Actinobacteria）和变形菌门（Proteobacteria）中的 α-变形菌纲（Alpha-proteobacteria）与土壤含水率呈显著负相关，而拟杆菌门（Bacteroidetes）和变形菌门（Proteobacteria）与土壤含水率有显著正相关性。拟杆菌门（Bacteroidetes）与总氮（TN）有显著负相关性，芽单胞菌门（Gemmatimonadetes）和变形菌门（Proteobacteria）中的 γ-变形菌纲（Gamma-proteobacteria）与总氮（TN）有显著正相关性。拟杆菌门（Bacteroidetes）与总磷（TP）也有极显著的正相关关系。

表 4-4　细菌分布与湿地土壤理化性质之间相关性分析

	pH	含水率	有机碳	总氮	碳氮比	总磷
放线菌门	0.431	**−0.959***	0.899	0.715	0.365	−0.813
拟杆菌门	−0.014	**0.945***	−0.666	**−0.969***	0.133	**0.930***
绿弯菌门	−0.520	0.693	−0.703	−0.187	−0.637	0.302
厚壁菌门	0.668	0.212	0.199	−0.685	0.858	0.458
芽单胞菌门	−0.246	−0.774	0.417	**0.991***	−0.438	−0.877
α-变形菌纲	0.362	**−0.973***	0.855	0.716	0.317	−0.783
β-变形菌纲	0.625	−0.744	0.827	0.283	0.685	−0.444
δ-变形菌纲	−0.522	0.893	−0.886	−0.536	−0.518	0.660
ε-变形菌纲	0.489	0.449	−0.074	−0.855	0.706	0.682
γ-变形菌纲	−0.479	−0.576	0.147	**0.910***	−0.670	−0.726
不能分类的变形菌门	−0.420	**0.918***	−0.829	−0.561	−0.434	0.641
不能分类的细菌	−0.563	−0.280	−0.077	0.749	−0.781	−0.562

*显著性水平 $\alpha = 0.05$。

湿地生态系统水文条件的变化可导致土壤处于季节性淹水的状态，进而导致土壤含氧量发生变化，从而影响细菌的群落组成。曾有研究表明水分含量对于决定湿地细菌群落结构十分重要[164,165]，本研究中同样得出水分含量是影响细菌分布的主要因素之一。

由图 4-8 可知，本研究对乌梁素海湿地土壤中影响细菌分布的主要因素进行主成分分析（Principal component analysis，PCA）和冗余分析（Redundancy analysis，RDA），同样可以看出，拟杆菌门（Bacteroidetes）与土壤含水率、总磷（TP）有显著正相关性，与总氮（TN）有显著负相关性；芽单胞菌门（Gemmatimonadetes）和变形菌门（Proteobacteria）中的 γ-变形菌纲（Gammaproteobacteria）与总氮（TN）有显著正相关性。

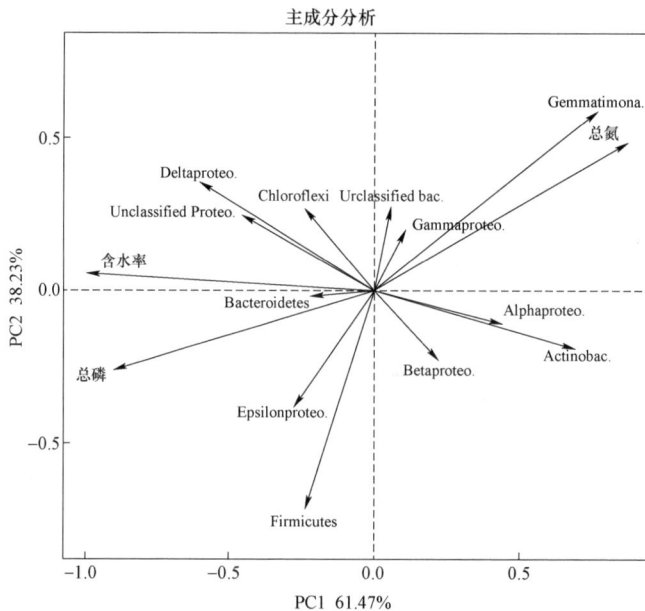

图 4-8　主成分分析和冗余分析

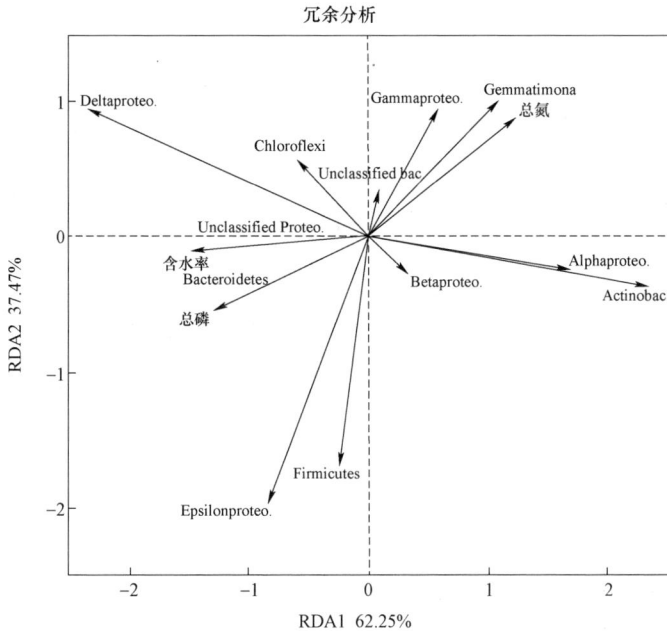

图 4-8　主成分分析和冗余分析（续）

图中：Alpha-proteo.：α-变形菌纲；Actinobac.：放线菌门；Beta-proteo.：β-变形菌纲；
Delta-proteo.：δ-变形菌纲；Gamma-proteo.：γ-变形菌纲；Unclassified bac.：不能分类的细菌；
Unclassified Proteo.：不能分类的变形菌门；Epsilon-proteo.：ε-变形菌纲。

4.3.4　乌梁素海湿地沉积物高通量测序的统计学分析

利用高通量测序方法，共获得乌梁素海湿地 5 个不同地理位置的沉积物样品 62 871 条细菌 16S rRNA 基因序列，经过筛选，49 140 条序列属于优化序列。表 4-5 对各样品的有效序列和优化序列数据量进行了统计。在 BW1 得到的优化序列最多，为 12 947 条，XHK 得到的优化序列最少，为 4 338 条。序列的平均读长为 478 bp。

表 4-5　各样品序列数据统计　　　　　　　　　　　　　　　%

样点	有效序列	修剪	百分比
TS	9 421	7 997	84.88
HGB	15 968	11 548	72.32
BW1	15 173	12 947	85.33
BW2	16 460	12 310	74.79
XHK	5 849	4 338	74.17
所有样点	62 871	49 140	78.16

　　如图 4-9 所示，通过 5 个不同地理位置的沉积物样品做稀释曲线，可看出，随着测序数量的增加，曲线变化的幅度逐步平缓，上升的趋势逐渐变小，说明焦磷酸测序获得的沉积物样品中大部分细菌序列，测序量基本能够反映湿地沉积物中细菌群落的结构和多样性。同时，沉积物样品的测序覆盖度（Coverage%）数值也反映出本研究的测序深度能够代表该区域的实际细菌群落的分布。由表 4-6 可知，在 97% 的相似性水平上，5 个沉积物的细菌序列覆盖度在 63%～82% 之间，说明本研究已获取了大部分样本细菌序列信息。

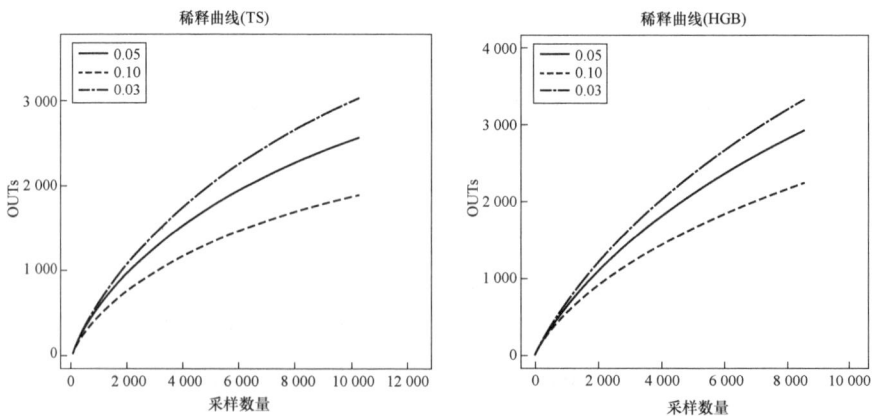

图 4-9　沉积物土壤细菌群落 OTUs = 0.03、0.05、0.10 时的稀缺性曲线

图中 TS：退水处样点；HGB：红圪卜样点；BW1：坝湾 1 样点；

BW2：坝湾 2 样点；XHK：小河口样点。

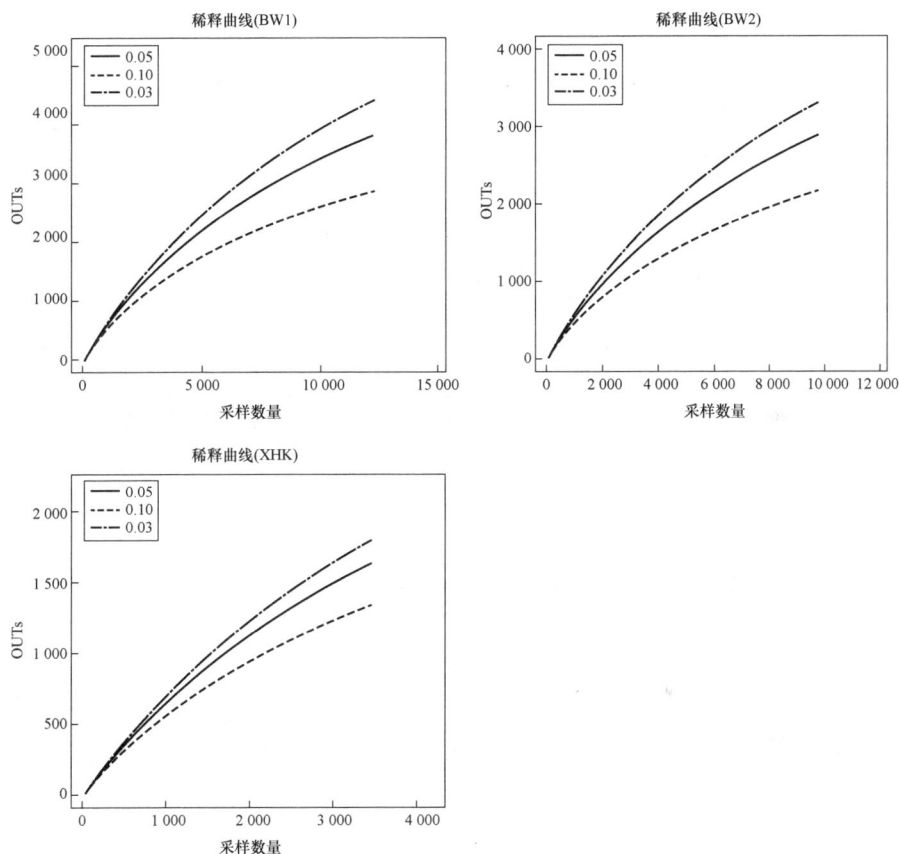

图 4-9　沉积物土壤细菌群落 OTUs＝0.03、0.05、0.10 时的稀缺性曲线（续）
图中 TS：退水处样点；HGB：红圪卜样点；BW1：坝湾 1 样点；
BW2：坝湾 2 样点；XHK：小河口样点。

　　表 4-6 计算了统计学参数 ACE 和 Chao1 来估计沉积物样品中的物种丰富程度。数据表明，不同地理位置的沉积物样品细菌序列的 OTUs、ACE 和 Chao1 指数有所不同，差异主要是由测得序列数量不同导致。沉积物样品中，OTUs、ACE 和 Chao1 指数最大值是出现在 BW1。与丰富度指数变化情况相同，沉积物样品中细菌序列的 SHDI 也表现出同样的变化趋势，SHDI 在 BW1 样点最大，为 7.46（0.03），在 TS 样点最小，为 6.87（0.03）。

表 4-6　97%相似性水平上沉积物细菌群落丰富度指数

样带位置	OTUs 数量*	Chao1	ACE	SHDI/H'	辛普森多样性指数	覆盖度/%
TS	2 430	4 138	6 027	6.87	0.004	82
HGB	3 356	7 238	11 872	7.32	0.002	75
BW1	4 374	8 570	12 784	7.46	0.003	78
BW2	3 414	7 099	11 278	7.25	0.002	78
XHK	1 817	4 355	7 943	6.98	0.003	63
所有样点	12 162	—	—	—	—	—

*OTUs 数量在 4 个采样点总数小于各个样点的 OTUs 数量加和，是由于不同样点中有重复 OTUs 导致。

4.3.5　乌梁素海湿地沉积物细菌群落多样性特征分析

从 62 871 条细菌 16S rRNA 基因序列中经过筛选所得的 49 140 条优化序列分属于细菌的 45 个门，由图 4-10 可知，其中主要的门包括变形菌门（Proteobacteria）、拟杆菌门（Bacteroidetes）、绿弯菌门（Chloroflexi）、厚壁菌门（Firmicutes）、酸杆菌门（Acidobacteria）和浮霉菌门（Planctomycetes），分别占到细菌总量的 48%～58%、8%～11%、8%～10%、2%～4%、2%～3% 和 2%～3%。与乌梁素海湿地土壤细菌群落相比，放线菌门（Actinobacteria）和芽单胞菌门（Gemmatimonadetes）不再是优势类群，而沉积物所处的特殊环境使得浮霉菌门（Planctomycetes）成为优势类群。此外，无法归类的细菌占细菌序列总数的 4%～8%左右，说明湿地沉积物环境中还保存着一大批未开发、认识的菌种资源。

为了更详细地获取沉积物不同样点土壤细菌群落在门分类学水平上的信息，对高通量测序获取的序列基于门的水平的分类做了进一步的分析，如图 4-11 所示。不同的门占微生物总量的相对比例越大，在图中颜色越深。由

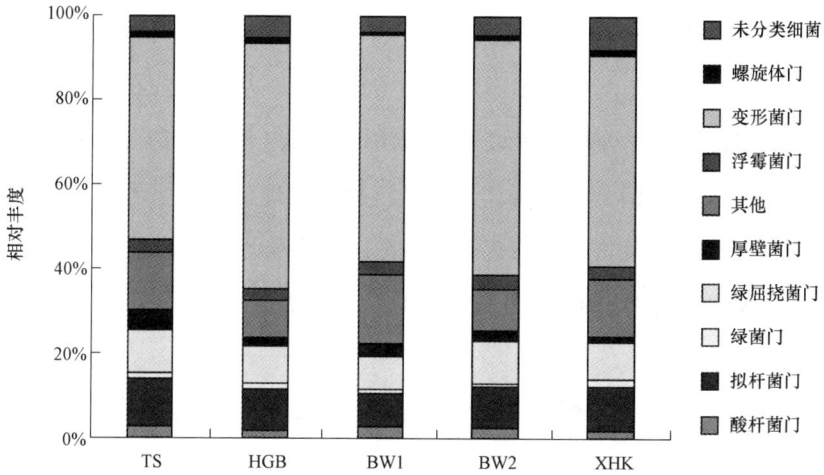

图 4-10　沉积物在门的水平主要的细菌组成

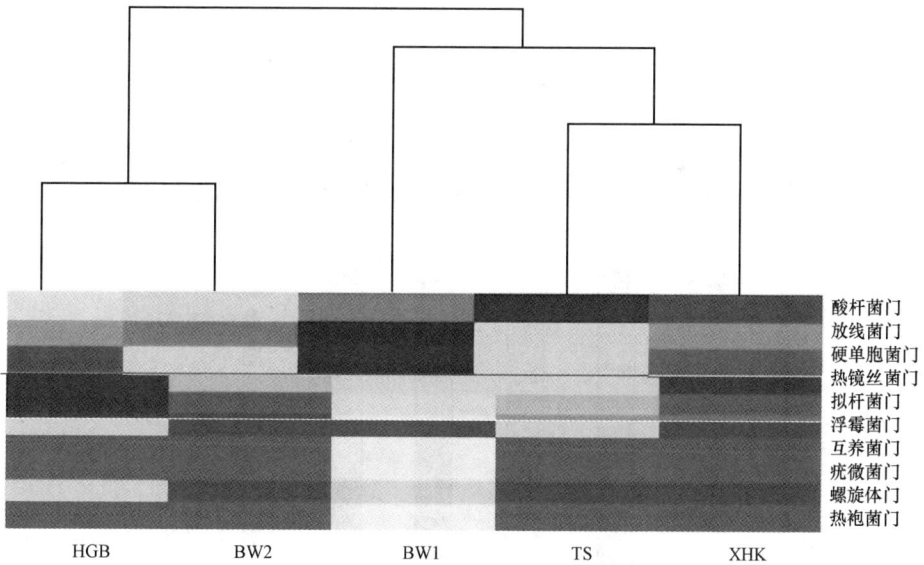

图 4-11　沉积物样点细菌基于门分类学水平的热点图

图 4-11 可知，优势细菌类群包括变形菌门（Proteobacteria）、拟杆菌门（Bacteroidetes）、绿弯菌门（Chloroflexi）、厚壁菌门（Firmicutes）等；通过测序能够检测到，但占细菌群落相对比例较小的类群主要有硬单胞菌门（Armatimonadetes）、脱铁杆菌门（Deferribacteres）、迷踪菌门（Elusimicrobia）、

纤维杆菌门（Fibrobacteres）、柔膜菌门（Tenericutes）等。可以看出，分布数量较少的细菌类群在沉积物和湿地中分布较相似。从细菌分布状况对沉积物不同采样点进行聚类分析，可以看出 HGB 和 BW2 样点细菌分布较为相似，TS 和 XHK 样点细菌分布较为相似。从沉积物的理化性质来看，不同样点沉积物的总氮（TN）和总磷（TP）含量的分布情况与上述聚类较一致，从而推断在沉积物环境中总氮（TN）和总磷（TP）含量对微生物群落分布有重要影响。

　　由图 4-12 可知，在纲的分类学水平上，乌梁素海湿地不同地理位置采集的沉积物样品中主要的细菌类群如下：变形菌门（Proteobacteria）分支中的 δ-变形菌纲（Delta-proteobacteria）（13%～19%）和 γ-变形菌纲（Gamma-proteobacteria）（11%～15%）占绝对优势，β-变形菌纲（Beta-proteobacteria）和 ε-变形菌纲（Epsilon-proteobacteria）也分别占细菌总量的 1%～24% 和 1%～11%。同时，主要的纲还包括厌氧绳菌纲（Anaerolineae）（4%～6%）、α-变形菌纲（Alpha-proteobacteria）3%～4%、梭菌纲（Clostridia）2%～4%

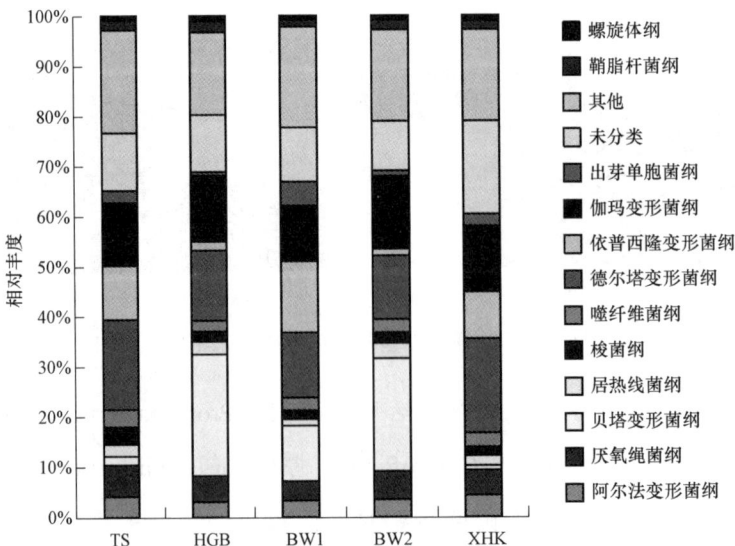

图 4-12　沉积物在纲的水平主要的细菌组成

和暖绳菌纲（Caldilineae）1%～3%。在纲的分类学水平上，无法归类的细菌占细菌序列总数的 10%～19%左右。

由图 4-13 可知，在目的分类学水平上，乌梁素海湿地不同地理位置采集的沉积物样品中主要的细菌类群如下：变形菌门（Proteobacteria）分支中的 ε-变形菌纲（Epsilon-proteobacteria）弯曲菌目（Campylobacterales）与 β-变形菌纲（Beta-proteobacteria）的嗜氢菌目（Hydrogenophilales）都占细菌总量 1%～14%，δ-变形菌纲（Delta-proteobacteria）中脱硫杆菌目（Desulfobacterales）占细菌总量 6%～12%，主要分布的类群还包括伯克氏菌目（Burkholderiales）1%～7%、厌氧绳菌目（Anaerolineales）4%～6%、梭菌目（Clostridiales）2%～4%。在目的分类学水平上，无法归类的细菌占细菌序列总数的 19%～30% 左右。

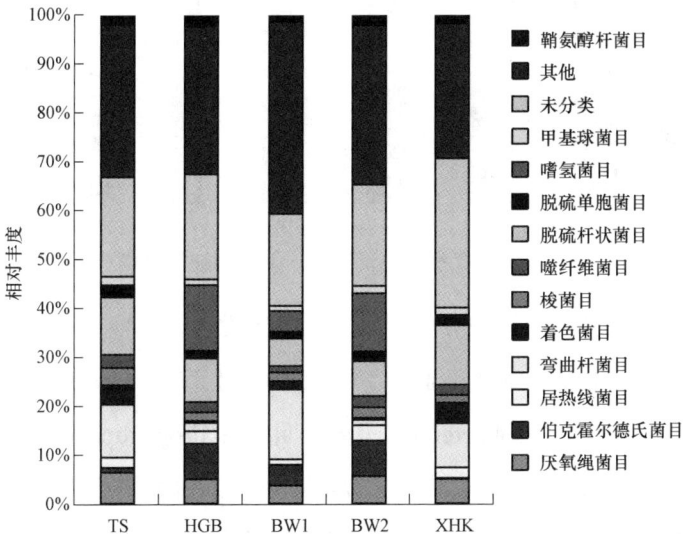

图 4-13　沉积物在目的水平主要的细菌组成

由图 4-14 可知，在科的分类学水平上，乌梁素海湿地不同地理位置采集的沉积物样品中主要的细菌类群如下：变形菌门（Proteobacteria）分支中的 β-变形菌纲（Beta-proteobacteria）嗜氢菌目（Hydrogenophilales）嗜氢菌科

（Hydrogenophilaceae）与 ε-变形菌纲（Epsilon-proteobacteria）弯曲菌目（Campylobacterales）螺杆菌科（Helicobacteraceae）在细菌中占绝对优势。分别占细菌总量的 1%~14%和 1%~13%。主要的细菌科还包括脱硫杆菌科（Desulfobacteraceae）（3%~7%）、厌氧绳菌科（Anaerolineaceae）（4%~6%）、Desulfobulbaceae（2%~5%）、丛毛单胞菌科（Comamonadaceae）（1%~5%），在科的分类学水平上，无法归类的细菌占细菌序列总数的 29%~42%左右。

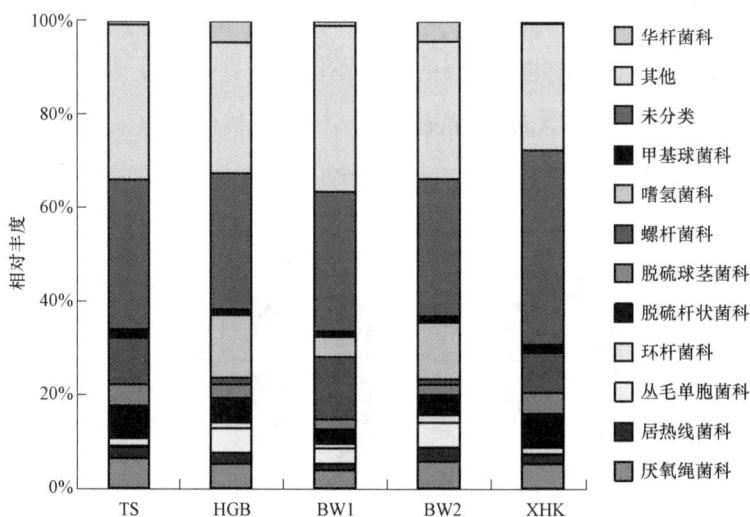

图 4-14　沉积物在科的水平主要的细菌组成

由图 4-15 可知，在属的分类学水平上，乌梁素海湿地不同地理位置采集的沉积物样品中主要的细菌类群如下：变形菌门（Proteobacteria）分支中的 β-变形菌纲（Beta-proteobacteria）嗜氢菌目（Hydrogenophilales）嗜氢菌科（Hydrogenophilaceae）硫杆状菌属（*Thiobacillus*）占细菌总量的 1%~13%，ε-变形菌纲（Epsilon-proteobacteria）弯曲菌目（Campylobacterales）螺杆菌科（Helicobacteraceae）氧化硫单胞菌属（*Sulfurimonas*）占细菌总量的 1%~8%。优势的微生物类群还包括：厌氧绳菌科类群（2%~4%）、暖绳菌科类群（1%~3%）、脱硫杆菌科、脱硫棍棒形菌属（*Desulforhopalus*）类群（1%~2%）和甲基微菌属（*Methylomicrobium*）1%~2%。在属的分类学水平上，无法归类的细菌占细菌序列总数的 43%~56%左右。

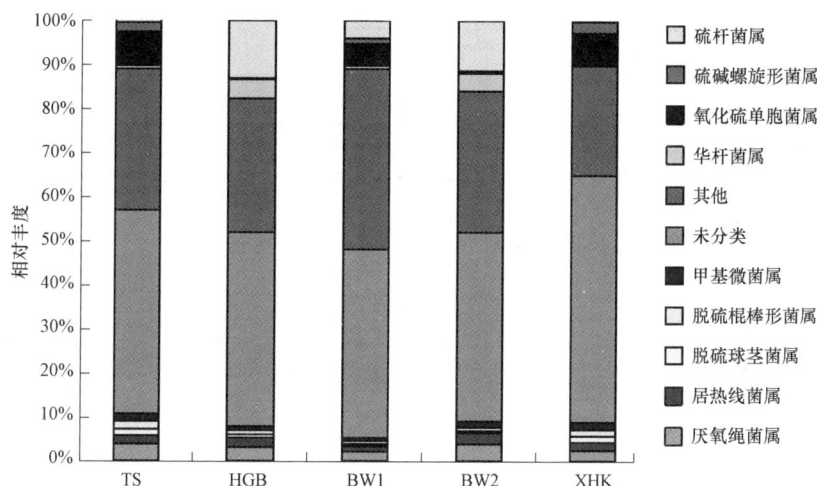

图 4-15 沉积物在属的水平主要的细菌组成

表 4-7 也对沉积物不同样点测序所获得的 OTUs 进行了统计,将 5 个不同样点的 OTUs 数量排前 10 位的类群进行了归纳,结果见表 4-7。

表 4-7 沉积物不同样点中 OTUs 数量前 10 的细菌类群

OTU#	样带位置					门	属
	TS	HGB	BW1	BW2	XHK		
1 061	—	1.24	—	0.98	—	拟杆菌门	腐败螺旋菌属
3 814	3.15	3.26	2.28	3.88	2.41	绿弯菌门	厌氧绳菌属
2 583	2.57	2.16	1.21	2.63	2.01	绿弯菌门	居热线菌属
941	—	—	—	—	1.15	异常球菌-栖热菌门	楚帕氏菌属
1 922	—	—	1.57	—	—	芽单胞菌门	出芽单胞菌属
1 912	—	1.85	—	1.95	—	变形菌门	产碱菌属
1 261	—	—	1.03	—	—	变形菌门	脱硫弓菌属
1 241	1.32	—	—	—	—	变形菌门	脱硫杆状菌属
1 211	—	—	—	1.35	—	变形菌门	脱硫球茎菌属

续表

OTU#	样带位置					门	属
	TS	HGB	BW1	BW2	XHK		
1 502	1.85	—	—	0.93	1.44	变形菌门	脱硫棍棒形菌属
1 632	2.06	—	—	—	1.98	变形菌门	脱硫棒状菌属
2 572	—	—	2.1	—	—	变形菌门	食氢产水菌属
1 051	—	1.02	—	1.07	—	变形菌门	纤发菌属
1 432	1.64	1.04	—	1.42	1.61	变形菌门	甲基微菌属
3 573	—	—	2.91	—	—	变形菌门	假单胞菌属
4 204	—	4.33	—	4.28	—	变形菌门	华杆菌属
9 117	—	1.04	7.44	—	—	变形菌门	硫弯曲菌属
6 598	7.32	—	5.11	—	7.21	变形菌门	氧化硫单胞菌属
1 452	1.64	—	—	—	—	变形菌门	硫卵菌属
1 772	2.41	—	1.06	—	2.53	变形菌门	硫碱螺旋形菌属
1 522	1.97	—	—	—	1.55	变形菌门	硫碱弧菌属
112 912	—	12.97	4.01	11.5	—	变形菌门	硫杆菌属
1 882	—	2.07	—	1.91	—	未分类细菌	未分类细菌
合计	25.93	30.98	28.72	30.55	23.24		

进一步对沉积物样品细菌的门、纲、目、科、属相对含量的分布进行研究，可以看出与湿地土壤环境相比，沉积物样品细菌类群分布有所不同。在门的水平上，变形菌门（Proteobacteria）、拟杆菌门（Bacteroidetes）、绿弯菌门（Chloroflexi）、厚壁菌门（Firmicutes）、酸杆菌门（Acidobacteria）占优势，这些类群在湿地土壤中也有较广的分布，但同时也发现浮霉菌门（Planctomycetes）在沉积物中数量比湿地土壤中数量多。纲的水平上，变形菌门（Proteobacteria）的 5 个分支α-变形菌纲（Alpha-proteobacteria）、β-变形菌纲（Beta-proteobacteria）、δ-变形菌纲（Delta-proteobacteria）、ε-变形菌纲（Epsilon-proteobacteria）和γ-变形菌纲（Gamma-proteobacteria）都属于沉

积物样品中的优势类群。然而，Hubert 等[160]指出 ε-变形菌纲（Epsilon-proteobacteria）在沉积物中分布很少，但本研究高通量测序数据表明，它在乌梁素海湿地沉积物中也是优势的细菌类群。在目的分类学水平上，沉积物样品中嗜氢菌目（Hydrogenophilales）和伯克氏菌目（Burkholderiales）占优势，而在湿地土壤样品中拟杆菌目（Bacteroidales）、酸微菌目（Acidimicrobiales）是优势类群。在科的分类学水平上，沉积物样品中嗜氢菌科（Hydrogenophilaceae）和丛毛单胞菌科（Comamonadaceae）是主要类群，而湿地土壤样品中外硫红螺旋菌科（Ectothiorhodospiraceae）分布较多。在属的分类学水平上，沉积物样地和湿地土壤样地细菌类群也有差异，优势细菌包括很多无法分类的类群。从不同分类学水平上也看到，无法归类的细菌占细菌总数的比例在沉积物中比湿地土壤中大，表明沉积物含水率高，有机质高的环境蕴藏着更多未知、有待开发的微生物资源。

4.3.6 乌梁素海湿地沉积物细菌优势类群与基质条件相关性分析

从表 4-8 中可以看出，在乌梁素海湿地沉积物中影响细菌分布的主要因素为 pH、总氮（TN）和总磷（TP），含水率对微生物的影响贡献较小，有机碳（OC）与微生物群落结构分布没有相关性关系。酸杆菌门（Acidobacteria）与 pH 呈显著负相关；浮霉菌门（Planctomycetes）和变形菌门（Proteobacteria）中的 ε-变形菌纲（Epsilon-proteobacteria）与总氮（TN）有显著正相关性，芽单胞菌门（Gemmatimonadetes）与总氮（TN）有显著负相关性；酸杆菌门（Acidobacteria）、厚壁菌门（Firmicutes）、变形菌门（Proteobacteria）中的 ε-变形菌纲（Epsilon-proteobacteria）和浮霉菌门（Planctomycetes）与总磷（TP）也有极显著的正相关关系。

湿地沉积物样品由于含水率极高，在此环境中水分不再成为影响细菌群落生长繁殖的制约条件，所以从相关性分析结果也看出，细菌分布与含水率没有相关性。从以上分析看出，在沉积物样品中，影响细菌类群分布的主要因素为总氮（TN）与总磷（TP）。Bai 等对我国的富营养化湖泊太湖沉积物进行研究时也发现总磷（TP）是影响沉积物细菌群落结构的主要因素[166]。许多研究指出，pH 是影响细菌群落结构的主导因子[167,168]，但由于本研究的样点均为碱性环境，除了酸杆菌门（Acidobacteria），其他的细菌类群均未表现出与 pH 的相关关系。本研究同样也发现，有机碳（OC）对细菌群落结构的影响贡献较小，未表现出明显相关性。Gudasz 等[169]的研究也同样指出水体中有机碳输入的增加未明显影响沉积物细菌结构与功能。

表 4-8　细菌群落分布与沉积物理化性质的相关性分析

	pH	含水率	有机碳	总氮	总磷
酸杆菌门	− 0.817*	0.717	0.358	0.594	0.832*
拟杆菌门	0.088	− 0.453	− 0.572	− 0.741	− 0.184
绿弯菌门	− 0.623	0.292	− 0.007	− 0.578	0.022
厚壁菌门	− 0.419	0.163	− 0.448	0.150	0.839*
浮霉菌门	− 0.446	0.332	0.189	0.869*	0.923*
α-变形菌纲	0.066	− 0.519	− 0.175	0.002	0.135
β-变形菌纲	− 0.058	0.459	0.228	− 0.394	− 0.511
δ-变形菌纲	0.346	− 0.758	− 0.489	− 0.139	0.061
ε-变形菌纲	− 0.047	− 0.127	− 0.076	0.847*	0.826*
芽单胞菌门	− 0.145	0.115	0.276	− 0.806*	− 0.795
不能分类的变形菌门	0.589	− 0.734	− 0.140	− 0.428	− 0.679
不能分类的细菌	0.599	− 0.691	0.018	− 0.190	− 0.622

*显著性水平α = 0.05。

由图 4-16 可知，本研究对乌梁素海湿地沉积物影响细菌分布的主要因素进行主成分分析（Principal component analysis，PCA）和冗余分析（Redundancy analysis，RDA），同样可以看出，沉积物中总氮（TN）与总磷（TP）是影响

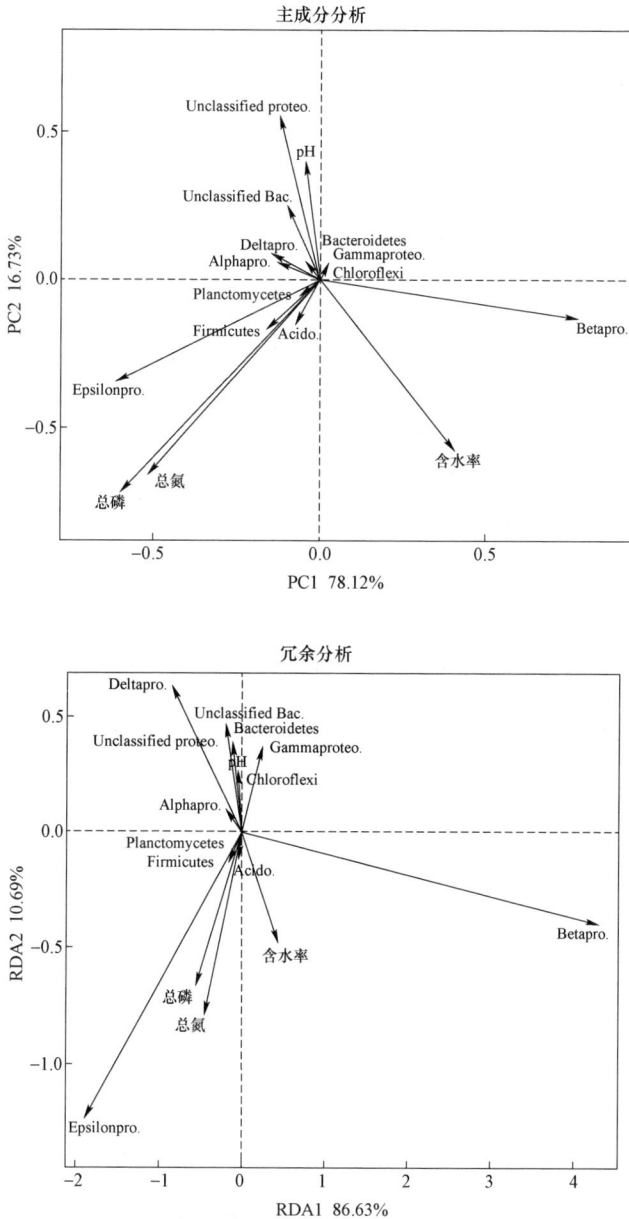

图 4-16   沉积物样点主成分分析和冗余分析

图中：Alpha-proteo.： α-变形菌纲；Acidobac.： 酸杆菌门；Beta-proteo.： β-变形菌纲；
Delta-proteo.： δ-变形菌纲；Gamma-proteo.： γ-变形菌纲；Unclassified bac.： 不能分类的细菌；
Unclassified Proteo.： 不能分类的变形菌门；Epsilon-proteo.： ε-变形菌纲；Plancto.： 浮霉菌门。

细菌分布的主要因素。酸杆菌门（Acidobacteria）与 pH 呈显著负相关；浮霉菌门（Planctomycetes）和 ε-变形菌纲（Epsilon-proteobacteria）与总氮（TN）有显著正相关性；酸杆菌门（Acidobacteria）、厚壁菌门（Firmicutes）、浮霉菌门（Planctomycetes）和 ε-变形菌纲（Epsilon-proteobacteria）与总磷（TP）也有极显著的正相关关系。

4.4 小   结

本章应用高通量测序方法分析了乌梁素海湿地土壤和沉积物中细菌群落的分布特征，并探讨其与主要湿地理化性质之间的相互关系。

（1）针对湿地不同植物群落土壤的高通量测序研究共读取到 41 642 条 16S rRNA 基因序列，其中 36 749 条属于优化序列。测序的覆盖度在 78%～92% 之间，说明本研究已获取了大多数样本细菌序列信息，能够反映该区域细菌群落的种类和结构。所得序列主要的门包括变形菌门（Proteobacteria）、拟杆菌门（Bacteroidetes）、放线菌门（Actinobacteria）、绿弯菌门（Chloroflexi）、厚壁菌门（Firmicutes）、芽单胞菌门（Gemmatimonadetes）、酸杆菌门（Acidobacteria）。对湿地土壤细菌群落各门、纲、目、科、属相对含量的分布研究表明不同植物群落土壤中的主要细菌群落结构也有差异。细菌分布与理化性质的相关关系说明，在乌梁素海湿地土壤中影响细菌分布的主要因素为含水率、总氮（TN）和总磷（TP）；有机碳（OC）对土壤细菌分布影响的贡献相对较小。

（2）利用高通量测序方法，共获得乌梁素海湿地 5 个不同地理位置的沉积物样品 62 871 条序列，49 140 条序列属于优化序列。5 个沉积物的细菌序列覆盖度在 63%～82% 之间，说明本研究已获取了大部分样本细菌序列信息。所获得的序列主要的门包括变形菌门（Proteobacteria）、拟杆菌门（Bacteroidetes）、绿弯菌门（Chloroflexi）、厚壁菌门（Firmicutes）、酸杆菌门（Acidobacteria）和浮霉菌门（Planctomycetes）。湿地沉积物样品中细菌群落结构与湿地土壤有一定差异。从细菌分布与理化性质的相关关系分析看出，在沉积物样品中，影响细菌分布的主要因素为总氮（TN）与总磷（TP）。

第 5 章
结论与建议

5.1　结　　论

5.1.1　乌梁素海湿地基质理化性质分析

对乌梁素海湿地土壤及沉积物的 pH、含水量、有机碳、总氮、总磷等理化特征进行分析。研究结果表明：

（1）湿地土壤属于强碱性环境。从芦苇样地到白刺样地土壤含水率逐步降低，反映出采样区域由湖滨向陆相的过渡，说明植物群落与土壤水分有一定关系。土壤养分有机质和总氮含量在不同植被群落下表现出了不同的变化规律。有机质和总氮含量均在白刺样地最高，但总磷含量却是白刺样地最低。乌梁素海湿地土壤有机碳、全氮含量同其他湿地相比，该研究区域中土壤营养元素含量处于较低水平。

（2）乌梁素海湿地沉积物的 pH 也比较高，但与湿地土壤相比，碱性程度相对较弱。沉积物样品含水率极高。有机碳含量与湿地土壤相比，含量明显要高，有机碳含量最高样点要比湿地土壤高出 14 倍左右。可能是由于在沉积物积累的有机质含量大于有机质的矿化分解程度所致。沉积物中碳氮比值在 2～11，比湿地土壤 0.5～1 高很多，说明在沉积物中有机物分解矿化比湿地土壤中困难，分解速度要慢。沉积物总磷含量与湿地土壤相比无显著性差异。

5.1.2　乌梁素海湿地可培养微生物的数量与分布

对乌梁素海湿地土壤和沉积物可培养微生物的数量和分布特征进行研

究，结果表明：

（1）乌梁素海湿地好气性细菌数量占绝对优势，真菌数量少。真菌在碱性环境中生长较差，而乌梁素海湿地土壤的强碱性环境，导致好气性细菌和放线菌数量明显高于真菌。植物与基质相互影响，形成不同的生态条件，导致不同植物群落土壤中可培养微生物数量的变化：白刺样地各类可培养微生物类群（好气性细菌、芽孢型细菌、放线菌和真菌）数量最多；盐爪爪样地各类微生物数量均最少。结合土壤理化性质，土壤有机碳和总氮可能与可培养微生物数量分布有很大关系。

（2）乌梁素海湿地沉积物好气性细菌数量占可培养微生物总量比例最高，真菌数量少，沉积物偏碱性环境且常年积水抑制了真菌的生存。沉积物不同采样点中，好气性细菌数量在 BW2 样点和 XHK 样点最高；芽孢型细菌数量在 TS 样点和 BW1 样点最多；放线菌数量在 TS 样点最多；真菌数量则在 HGB 样点最多。

5.1.3　乌梁素海湿地细菌群落结构

应用高通量测序方法分析了乌梁素海湿地土壤和沉积物中细菌的群落结构特征。根据各样地获得的序列数和覆盖度的计算，表明本研究获取的序列信息能够反映该区域细菌群落的种类和结构。

（1）湿地不同植物群落土壤中，所得序列主要的门包括变形菌门（Proteobacteria）、拟杆菌门（Bacteroidetes）、放线菌门（Actinobacteria）、绿弯菌门（Chloroflexi）、厚壁菌门（Firmicutes）、芽单胞菌门（Gemmatimonadetes）、酸杆菌门（Acidobacteria）。这些类群在其他相关研究中也曾被报道为优势菌群。对湿地细菌各门、纲、目、科、属相对含量的分布研究表明不同植物群落土壤中的主要细菌群落结构也不同。随着采样点由湖滨向陆相延伸，放线菌门（Actinobacteria）的相对含量逐渐增加，而拟杆菌门（Bacteroidetes）的相对含量逐渐减少。细菌分布与理化性质的相关关系说明，影响细菌分布的主要因素为含水率、总氮（TN）和总磷（TP）。

（2）乌梁素海湿地 5 个不同地理位置的沉积物样品所获得的序列主要的门包括变形菌门（Proteobacteria）、拟杆菌门（Bacteroidetes）、绿弯菌门（Chloroflexi）、厚壁菌门（Firmicutes）、酸杆菌门（Acidobacteria）和浮霉菌门（Planctomycetes）。与乌梁素海湿地细菌群落相比，放线菌门（Actinobacteria）和芽单胞菌门（Gemmatimonadetes）不再是优势类群，而沉积物所处的特殊环境使得浮霉菌门（Planctomycetes）成为优势类群。沉积物样品中细菌群落结构与湿地土壤有一定差异。从细菌分布与理化性质的相关关系分析看出，在沉积物样品中，影响细菌分布的主要因素为总氮（TN）与总磷（TP）。

5.2 创 新 点

1. 本研究以蒙古高原独特的沼泽化湿地——乌梁素海湖泊湿地为研究对象，结合湿地生境的空间异质性，采用传统分离培养与现代微生物分子生态技术，揭示可培养微生物类群数量及细菌群落结构的空间变化特征。研究结果可完善蒙古高原湿地微生物数量及细菌多样性的基础数据。

2. 通过对基质种类多样性、可培养微生物数量及细菌群落结构进行研究，揭示受污染的退化湿地微生物数量变化和细菌群落空间异质性的成因。

3. 本研究首次应用第二代测序技术——高通量测序方法，对蒙古高原沼泽化湿地土壤及沉积物细菌群落结构进行研究，为开发利用湿地微生物资源奠定基础。

5.3 研究展望

本研究主要针对乌梁素海湿地土壤和沉积物进行了采样、测定与分析。探讨了湿地可培养微生物数量、细菌群落结构及与理化性质之间的关系。由于生态系统中要素众多、关系错综复杂，要明确微生物群落与环境因子之间的关系，厘清微生物功能群在湿地生态系统物质循环和能量流动中承担的作用，要更广泛地测定各种理化因子，并对各类微生物（细菌、古菌等）及特殊功能微生物展开详细研究。本书除了基于空间尺度上的研究，还需从时间尺度方面展开，并需建立长期野外监测实验基地，与室内模拟人工控制实验相结合，深入揭示微生物对环境的响应机制以及两者之间相互影响关系。

通过程度更深入、区域更广泛、尺度更丰富的研究，获得的数据可为乌梁素海湿地生态系统健康评价、湿地恢复与重建、湿地资源可持续利用提供科学的依据。

参考文献

［1］ Zak D R, Holmes W E, hite D C, et al. Plantdiversity, soil microbial communities and ecosystem function: are there any links ［J］. Ecology, 2003, 84(8): 2042-2050.

［2］ Lemke M J, Brown B J, Leff L G. The response of three bacteria populations in a stream ［J］. Microb Ecol, 1997, 34(3): 224-231.

［3］ Watve M G, Gangal R M. Problems in measuring baeterial diversity and a possible solution ［J］. Appl Environ Microbiol, 1996, 62(11): 4299-4301.

［4］ 林先贵，胡君利. 土壤微生物多样性的科学内涵及其生态服务功能 ［J］. 土壤学报，2008，45（5）：892-900.

［5］ 杨成德，龙瑞军，陈秀蓉，等. 土壤微生物功能群及其研究进展 ［J］. 土壤通报，2008，39（2）：421-425.

［6］ 任佐华. 三江源自然保护区土壤微生物结构与功能研究 ［D］. 长沙：湖南农业大学，2009.

［7］ Torsvik V, Øvreås L. Microbial diversity and function in soil: from genes to ecosystems ［J］. Curr Opin Microbiol, 2002, 5(3): 240-245.

［8］ 徐阳春，沈其荣，冉炜. 长期免耕与施用有机肥对土壤微生物生物量碳、氮、磷的影响 ［J］. 土壤学报，2002，39（1）：89-96.

［9］ Mendham DS, Sankaran KV, O'Connell AM, et al. Eucalyptus globules harvest residue management effects on soil carbon and microbial biomass at

1 and 5 years after plantation establishment ［J］. Soil Biol Biochem, 2002, 34(12): 1903-1912.

［10］ 吴金水，林启美，黄巧云，等. 土壤微生物生物量测定方法及其应用 ［M］. 北京：气象出版社，2006.

［11］ Rogers B F, Tate R L. Temporal annalysis of the soil microbial community toposequence in Pineland soil ［J］. Soil Biol Biochem, 2001, 33(10): 1389-1401.

［12］ Bakken L R. Separation and purification of bacteria from soil ［J］. Appl Environ Microbiol, 1985, 49(6): 1482-1487.

［13］ 林先贵，胡君利. 土壤微生物多样性的科学内涵及其生态服务功能 ［J］. 土壤学报，2008，45（5）：892-898.

［14］ Head I M, Saunders J R, Pickup R W. Microbial evolution, diversity, and ecology: a decade of ribosomal RNA analysis of uncultivated microorganisms ［J］. Microbial Ecology, 1998, 35(1): 1-21.

［15］ Marilley L, Vogt G, Blanc M, et al. Bacterial diversity in the bulk soil and rhizosphere fractions of Lolium perenne and Trifolium repens as revealed by PCR restriction analysis of 16S rDNA ［J］. Plant soil, 1998, 198(2): 129-224.

［16］ Sabine P, Stefanie K, Frank S, et al. Succession of microbial communities during hot composting as detected by PCR-single-strand-conformation polymorphism-based genetic profiles of small-subunit rRNA genes ［J］. Appl Environ Microbiol, 2000, 66(3): 930-936.

［17］ 王洪媛，管华诗，江晓路. 微生物生态学中分子生物学方法及 T-RFLP 技术研究 ［J］. 中国生物工程杂志，2004，24（8）：42-47.

［18］ 焦晓丹，吴凤芝. 土壤微生物多样性研究方法的进展 ［J］. 土壤通报，2004，35（6）：789-792.

［19］ Rasmussen L D, Sørensen S J. Effects of mercury contamination on the culturable heterotrophic, functional and genetic diversity of the bacterial community in soil ［J］. FEMS Microbiol Ecol, 2001, 36(1): l-9.

［20］ Stephen J R, Chang Y J, Macnuaghton S J, et al. Fate of a met al-resistant inoculum in contaminated and pristine soils assessed by denaturing gradient gel electrophoresis ［J］. Envrion Toxicol Chem, 1999, 18(6): 1118-1123.

［21］ 席劲瑛, 胡洪营, 钱易. Biolog 方法在环境微生物群落研究中的应用 ［J］. 微生物学报, 2003, 43（1）: 138-141.

［22］ Garland J L, Mills A L. Classification and characterization of heterotrophic microbial communities on the basis of patterns of community-level sole-carbon-source utilization ［J］. Appl Environ Microb, 1991, 57(8): 2351-2359.

［23］ Choi K H, Dobbs F C. Comparison of two kinds of biolog microplates (GN and ECO)in their ability to distinguish among aquatic microbial communities ［J］. J Microbiol Meth, 1999, 36(3): 203-13.

［24］ 杨永华, 姚健, 华晓梅. 农药污染对土壤微生物群落功能多样性的影响 ［J］. 微生物学杂志, 2000, 20（2）: 23-25.

［25］ de Fede K L, Sexstone A J. Differential response of size-fractionated soil bacteria in BIOLOG(R)microtitre plates ［J］. Soil Biol Biochem, 2001, 33(11): 1547-1554.

［26］ Chabrerie O, Laval K, Puget P, et al. Relationship between plant and soil microbial communities along a successional gradient in a chalk grassland in north-western France ［J］. Appl Soil Ecol, 2003, 24(1): 43-56.

［27］ Frostegård Å, Tunlid A, Bååth E. Phospholipid fatty acid composition, biomass, and activity of microbial communities from two soil types experimentally exposed to different heavy met als [J]. Appl Environ Microbiol, 1993, 59(11): 3605-3617.

[28] Zelles L. Fatty acid patters of phospholipids and lipopolysaccharides in the characterization of microbial communities in soil: a review [J]. Bio Fertile Soils [J]. 1999, 29: 111-129.

[29] 王曙光，侯彦林. 磷脂脂肪酸方法在土壤微生物分析中的应用 [J]. 微生物学通报，2004，31（1）：114-117.

[30] 余悦. 黄河三角洲原生演替中土壤微生物多样性及其与土壤理化性质关系 [D]. 济南：山东大学，2012.

[31] Grayston S J, Griffith G S, Mawdsley J L, et al. Accounting for variabilityin soil microbial conununities of temperate upland grassland ecosystems [J]. Soil Biol Biochem, 2001, 33(4): 533-551.

[32] Fierer N, Schimel J P, Holden P A. Variations in microbial community composition through two soil depth profiles [J]. Soil Biol Biochem, 2003, 35(1): 167-176.

[33] Pennanen T, Frostegard A, Fritze H, et al. Phospholipid acid composition and heavy met al tolerance of soil microbial communities along two heavy met al-polluted gradients in Coniferous forests [J]. Appl Environ Microbiol, 1996, 62(2): 420-428.

[34] Bossio D A, Scow K M, Gunapala N, et al. Determinants of soil microbial communities: Effeets of agricultural management, season, and soil type on phospholipids fatty acid profiles [J]. Microb Ecol, 1998, 36(1): l-12.

[35] Petersen S O, Debosz K, Schjonning P, et al. Phospholipid fatty acid profiles and C availability in wet-stable macro-aggregates from conventionally and organically farmed soills [J]. Geoderma, 1998, 78(3-4): 181-196.

[36] Roslev P, Iversen N, Henriksen K. Direct fingerprinting of metabolically

active bacteria in environmental samples by substrate specific radio labeling and lipid analysis [J]. J Microbiol Methods, 1998, 31(3): 99-111.

[37] Boon N, Marle C, Top E M, et al. Comparison of the spatial homogeneity of Physic-chemical parameters and bacterial 16S rRNA genes in sediment samples from a dumping site for dredging sludge [J]. Appl Microbiol Biotechnol, 2000, 53(6): 742-747.

[38] 吴展才，余旭胜，徐源泰. 采用分子生物学技术分析不同施肥土壤中细菌多样性 [J]. 中国农业科学，2005，38（12）：2474-2480.

[39] Tiedje J M, Asuming B S, Nüsslein K, et al. Opening the black box of soil microbial diversity [J]. Appl Soil Ecol, 1999, 13(2): 109-122.

[40] Hill G T, Mitkowski N A, Aldrich W L, et al. Methods for assessing the composition and diversity of soil microbial communities [J]. Appl Soil Ecol, 2000, 15(1): 25-36.

[41] 钟文辉，蔡祖聪. 土壤微生物多样性研究方法 [J]. 应用生态学报，2004，15（5）：899-904.

[42] Westover K M, Bever J D. Mechanisms of plant species coexistence: complementary roles of rhizosphere bacteria and root fungal pathogens [J]. Ecology, 2001, 82: 3285-3294.

[43] Brant J B, Myrold D D, Sulzman E W. Root controls on soil microbial community structure in forest soils [J]. Oecologia, 2006, 148: 650-659.

[44] Dunbar J, Takala S, Barns S M, et al. Levels of bacterial community diversity in four arid soils compared by bacterial groups from soils of the arid southwestern united states that are present in many geographic regions [J]. Appl Environ Microbiol, 1997, 63(65): 1662-1669.

[45] Chan O C, Yang X, Fu Y, et al. 16S rRNA gene analyses of bacterial community structures in the soils of evergreen broad-leaved forests in

south-west China [J]. FEMS Microbiol Ecol, 2006, 58(2): 247-259.

[46] Borneman J, Skroch P W, O'Sullivan K M, et al. Molecular microbial diversity of an agricultural soil in wisconsin [J]. Appl Environ Microbiol, 1996, 62(6): 1935-1943.

[47] Stephan A, Meyer A H, Sehmid B. Plant diversity affects culturable soil bacteria in experimental grassland communities [J]. J Ecol, 2000, 88(6): 988-998.

[48] Tringe S G, Mering C V, Kobayashi A, et al. Comparative metagenomics of microbial communities [J]. Science, 2005, 308(5721): 554-557.

[49] Ulrich A, Klimke G, Wirth S. Diversity and activity of cellulose-decomposing bacteria isolated from a sandy and a loamy soil after long-term manure application [J]. Microb Ecol, 2008, 55(3): 512-522.

[50] Schloss P D, Handelsman J. Introducing TreeClimber, a test to compare microbial community structures [J]. Appl Environ Microbiol, 2006, 72(4): 2379-2384.

[51] Buchan A, Newell S Y, Butler M, et al. Dynamics of bacterial and fungal communitieson decaying salt marsh grass [J]. Appl Environ Microbiol, 2003, 69(11), 6667-6687.

[52] Knief C, Vanitehung S, Harvey N W, et al. Diversity of methanotrophic bacteria in tropical upland soils under different land uses[J]. Appl Environ Mierobiol, 2005, 71(7): 3826-3831.

[53] Knief C, Lipski A, Dunfield P F. Diversity and aetivity of methanotrophie baeteria in different upland soil [J]. Appl Environ Mierobiol, 2003, 69(11): 6703-6714.

[54] Henckel T, Jäckel U, Schnell S, et al. Molecular analyses of novel methanotrophic communities in forest soil that oxidize atmospheric methane

〔J〕. Appl Environ Mierobiol, 2000, 66(5): 1801-1808.

［55］ Mendum T A, Sockett R E, Hirsch P R. Use of molecular and isotopic techniques to monitor the response of autotrophic ammonia-oxidizing populations of the β subdivision of the class proteobacteria in arable soils to nitrogen fertilizer〔J〕. Appl Environ Microbiol, 1999, 65(9): 4155-4162.

［56］ Nicolaisen M H, Risgaard P N, Revsbech N P, et al. Nitrification denitrification dynamics and community structure of ammonia oxidizing bacteria in a high yield irrigated philippine rice field〔J〕. FEMS Microbiol Ecol, 2004, 49(3): 359-369.

［57］ 肖昌松, 刘大力, 周培瑾. 南极长城站地区土壤微生物生态作用的初步探讨〔J〕. 生物多样性, 1995, 3（3）: 134-138.

［58］ Sharon A, Ralf C, Braker G. Effect of soil ammonium concentration on N_2O release and on the community structure of ammonica oxidizers and denitrifiers〔J〕. Appl Environ Microbiol, 2002, 68(11): 5685-5692.

［59］ Kandeler E, Deiglmayr K, Tscherko D, et al. Abundance of *narG*, *nirS*, *nirK*, and *nosZ* genes of denitrifying bacteria during primary successions of a glacier foreland〔J〕. Appl Environ Microbiol, 2006, 72(9): 5957-5962.

［60］ Philippot L, Piutti S, Martin L F, et al. Molecular analysis of the nitrate-reducing community from unplanted and maize-planted soils〔J〕. Appl Environ Microbiol, 2002, 68(12): 6121-6128.

［61］ 姚荣江, 杨劲松, 刘广明. 土壤盐分和含水量的空间变异性及其 CoKriging 估值——以黄河三角洲地区典型地块为例〔J〕. 水土保持学报, 2006, 20（5）: 133-138.

［62］ 袁西龙, 孙芳林, 董洪. 黄河三角洲海岸线动态变化规律与预测研究〔J〕. 海岸工程, 2007, 26（4）: 1-10.

［63］ 张长春, 王光谦, 魏加华. 基于遥感方法的黄河三角洲生态需水量研究

［J］. 水土保持学报，2005，15（1）：149-152.

［64］ 张高生，王仁卿. 现代黄河三角洲生态环境的动态监测［J］. 中国环境科学，2008，28（4）：380-384.

［65］ 张建锋，邢尚军，孙启祥，等. 黄河三角洲植被资源及其特征分析［J］. 水土保持研究，2006，13（1）：100-102.

［66］ 张瑞娟，李华，林勤保，等. 土壤微生物群落表征中磷脂脂肪酸（PLFA）方法研究进展［J］. 山西农业科学，2011，39（9）：1020-1024.

［67］ 赵延茂，宋朝枢. 黄河三角洲自然保护区科学考察集［M］. 北京：中国林业出版社，1995.

［68］ 赵庚星，李玉环，徐春达. 遥感和 GIS 支持的土地利用动态监测研究——以黄河三角洲垦利县为例［J］. 应用生态学报，2000，11（4）：573-576.

［69］ 赵艳云，胡相明，田家怡. 黄河三角洲湿地植被研究现状及存在的问题［J］. 河北农业科学，2009，13（11）：57-58，72.

［70］ 陈海霞，付为国，王守才，等. 镇江内江湿地植物群落演替过程中土壤养分动态研究［J］. 生态环境，2007，16（5）：1475-1480.

［71］ Bellehumeur C, Legendre P. Multiscale source of variation in ecological variable: modeling spatial disperson, elaborating sampling designs［J］. Landscape Ecol, 1998, 13(11): 15-25.

［72］ 周光裕，叶正丰. 山东沾化县徒骇河东岸荒地植物群落的初步调查［M］. 北京：科学出版社，1956.

［73］ Barajas A M, Grace C, Ansorena J, et al. Soil microbial biomass and organic C in a gradient of zinc concentrations in soils around a mine spoil tip［J］. Soil Biol Biochem, 1999, 31(6): 867-876.

［74］ Acosta M V, Dowd S, Sun Y, et al. Tag-encoded pyrosequencing analysis of bacterial diversity in a single soil type as affected by management and land use [J]. Soil Biol Biochem, 2008, 40(11): 2762-2770.

[75] Andersen R, Grasset L, Thormann M N, et al. Changes in microbial community structure and function following Sphagnum peatland restoration [J]. Soil Biolo Biochem, 2010, 42(2): 291-301.

[76] Bardgett R D, Hobbs P J, Frostegård Å. Changes in soil fungal: Bacterial biomass ratios following reductions in the intensity of management of an upland grassland [J]. Biol Fert Soil, 1996, 22(3): 261-264.

[77] Bardgett R D, Leemans D K, Cook R, et al. Seasonality of soil biota of grazed and ungrazed hill grasslands [J]. Soil Biol Biochem, 1997, 29(8): 1285-1294.

[78] Bardgett R D, Wardle D A, Yeates G W. Linking above-ground and below-ground food webs: How plant reponses to foliar herbivory influence soil organisms [J]. Soil Biol Biochem, 1998, 30(14): 1867-1878.

[79] 段塨, 肖炜, 王永霞, 等. 454测序技术在微生物生态学研究中的应用 [J]. 微生物学杂志, 2011, 31 (5): 76-81.

[80] Mocali S, Benedetti A. Exploring research frontiers in microbiology: the challenge of metagenomics in soil microbiology [J]. Research in Microbiology, 2010, 161(6): 497-505.

[81] Schloss P D. Reintroducing mothur: 10 Years Later [J]. American Society for Microbiology, 2020, 86(2): e02343-02319.

[82] Hamady M, Lozupone C, Knight R. Fast UniFrac: Facilitating high-throughput phylogenetic analyses of microbial communities including analysis of pyrosequencing and PhyloChip data [J]. Isme Journal, 2010, 4(1): 17-27.

[83] Voelkerding K V, Dames S A, Durtschi J D. Next-generation sequencing: from basic research to dianostics [J]. Clin Chem, 2009, 55(4): 641-658.

［84］ 刘银银，李峰，孙庆业，等. 湿地生态系统土壤微生物研究进展［J］. 应用与环境生物学报，2013，19（3）：547-552.

［85］ 孟晗. 长三角地区土壤不同发育阶段微生物群落结构的变化［D］. 上海：复旦大学，2011.

［86］ Ligi T, Oopkaup K, Truu M, et al. Characterization of bacterial communities in soil and sediment of a created riverine wetland complex using high-throughput 16S rRNA amplicon sequencing［J］. Ecol Eng, 2013.

［87］ Serkebaeva Y M, Kim Y, Liesack W, et al. Pyrosequencing-based assessment of the bacteria diversity in surface and subsurface peat layers of a northern wetland, with Focus on poorly studied phyla and candidate divisions［J］. PLoS ONE, 2013, 8(5): e63994.

［88］ Peralta R M, Ahn C, Gillevet P M. Characterization of soil bacterial community structure and physicochemical properties in created and natural wetlands［J］. SCI Total Environ, 2013, 443: 725-732.

［89］ Lipson D A, Haggerty J M, Srinivas A, et al. Metagenomic insights into anaerobic metabolism along an arctic peat soil profile［J］. PLOS ONE, 2013, 8(5): e64659.

［90］ 龚骏，施斐. 渤海漏油事件对真核微生物多样性的影响［A］//中国海洋湖沼学会第十次全国会员代表大会暨学术研讨会论文集［C］. 中国青岛：中国海洋湖沼学会，中国科学院海洋研究所，2012.

［91］ 王玉. 基于 BIPES 分析三种沉积物的微生物群落多样性［D］. 广州：南方医科大学，2012.

［92］ Maugeri T L, Gugliandolo C, Lentini V. Diversity of prokaryotes at a shallow submarine vent of Panarea Island(Italy)by high-throughput sequencing［J］. Maugeri, 2013, 91(2): 1-9.

［93］ Colin Y, Gon~i U M, Caumette P, et al. Combination of high throughput cultivation and dsrA sequencing for assessment of sulfate-reducing bacteria diversity in sediments〔J〕. FEMS Microbiol Ecol, 2012, 83(1): 26-37.

［94］ Chen L, Wang L Y, Liu S J, et al. Profiling of microbial community during in situ remediation of volatile sulfide compounds in river sediment with nitrate by high throughput sequencing〔J〕. Int Biodeter Biodegr, 2013, 85: 429-437.

［95］ 周明扬. 中国南海和南极菲尔德斯半岛海域沉积物中微生物、蛋白酶的多样性及有机氮的降解〔D〕. 济南：山东大学，2013.

［96］ Bellemain E. Fungal palaeodiversity revealed using high-throughput metabarcoding of ancient DNA from arctic permafrost〔J〕. Environ Microbiol, 2013, 15(4): 1176-1189.

［97］ 刘振英，李亚威，李俊峰，等. 乌梁素海流域农田面源污染研究〔J〕. 农业环境科学学报，2007，26（1）：41-44.

［98］ 于瑞宏，李畅游，刘廷玺，等. 乌梁素海湿地环境的演变〔J〕. 地理学报，2004，59（6）：948-955.

［99］ 李建茹，李畅游，张生，等. 乌梁素海春季浮游植物群落结构特征分析〔J〕. 农业环境科学学报，2013，32（6）：1201-1209.

［100］ 孙鑫鑫，刘惠荣，冯福应，等. 乌梁素海富营养化湖区浮游细菌多样性及系统发育分析〔J〕. 生物多样性，2009，17（5）：490-498.

［101］ 乌云，朝伦巴根，李畅游，等. 乌梁素海表层沉积物与上覆水间氮磷迁移规律分析〔J〕. 中国农村水利水电，2011（8）：34-38.

［102］ 赵胜男，李畅游，史小红，等. 乌梁素海沉积物重金属生物活性及环境污染评估〔J〕. 生态环境学报，2013，22（3）：481-489.

［103］ 康志文，童伟，王云霞，等. 乌梁素海生态系统结构与功能变化趋势分析〔J〕. 北方环境，2012，27（5）：74-78.

［104］ 段晓男，王效科，欧阳志云. 乌梁素海湿地生态系统服务功能及价值

评估 [J]. 资源科学, 2005, 27 (2): 110-113.

[105] 刘骏, 于会彬, 谢森, 等. 乌梁素海周围盐化潮土钠质化特征 [J]. 环境科学研究, 2011, 24 (2): 229-235.

[106] 马文超, 于会彬, 席北斗, 等. 乌梁素海湖滨带盐碱土碱化参数与特征分析 [J]. 环境工程学报, 2011, 5 (3): 696-702.

[107] 郭旭晶, 席北斗, 何小松, 等. 乌梁素海周边土壤溶解性有机质荧光特性及其与 Cu (Ⅱ) 的配位研究 [J]. 环境化学, 2010, 29 (6): 1121- 1125.

[108] 于会彬, 席北斗, 魏自民, 等. 干旱半干旱地区湖泊周围盐碱土固体表面荧光光谱特征研究 [J]. 光谱学与光谱分析, 2010, 30 (10): 2680-2684.

[109] 曹杨, 尚士友, 杨景荣, 等. 乌梁素海湿地时空动态演化 [J]. 地理科学进展, 2010, 29 (3): 307-311.

[110] 梁文, 张生, 李畅游, 等. 乌梁素海沉积物分布特征 [J]. 环境化学, 2011, 30 (9): 1678-1679.

[111] 赵锁志, 孔凡吉, 王喜宽, 等. 内蒙古乌梁素海底泥中重金属污染的分布特征 [J]. 现代地质, 2009, 23 (1): 103-107.

[112] 姜忠峰, 张生, 李畅游, 等. 乌梁素海表层沉积物重金属分布特征及生态风险评价 [J]. 环境工程学报, 2012, 6 (6): 1810-1816.

[113] 张晓晶, 李畅游, 贾克力, 等. 乌梁素海表层沉积物重金属与营养元素含量的统计分析 [J]. 环境工程学报, 2011, 5 (9): 1955-1960.

[114] 张生, 梁文, 杨力鹏, 等. 乌梁素海底泥沉积物资源化利用初步分析 [J]. 环境化学, 2012, 31 (3): 308-314.

[115] 高敏, 张生, 计亚丽, 等. 乌梁素海沉积物对磷的吸附特征 [J]. 节水灌溉, 2011, 6, 37-39.

[116] 吕昌伟, 崔萌, 高际玫, 等. 硅在湖泊沉积物上的吸附特征及形态分

布研究 [J]. 环境科学，2012，33（1）：135-141.

[117] 孙惠民，何江，吕昌伟，等. 乌梁素海沉积物中有机质和全氮含量分布特征 [J]. 应用生态学报，2006，17（4）：620-624.

[118] 张晓军，赵宇龙，金一狄，等. 乌梁素海小口湖区沉积物细菌多样性及其系统发育分析[J]. 内蒙古农业大学学报，2011，32（4）：206-212.

[119] 孙鑫鑫. 乌梁素海原核微生物系统发育多样性 [D]. 呼和浩特：内蒙古农业大学，2009.

[120] Lost S, Landgraf D, Makeschin F. Chemical soil properties of reclaimed marsh soil from Zhejiang Province RR. China [J]. Geoderma, 2007, 142: 245-250.

[121] 丁秋伟，白军红，高海峰，等. 黄河三角洲湿地不同植被群落下土壤养分含量特征 [J]. 农业环境科学学报，2009，28（10）：2092-2097.

[122] 陈海霞，付为国，王守才，等. 镇江内江湿地植物群落演替过程中土壤养分动态研究 [J]. 生态环境，2007，16（5）：1475-1480.

[123] 黄昌勇. 土壤学 [M]. 北京：中国农业出版社，2000.

[124] 罗先香，张珊珊，敦萌. 辽河口湿地碳、氮、磷空间分布及季节动态特征 [J]. 中国海洋大学学报，2010，40（12）：097-104.

[125] 毛志刚，王国祥，刘金娥，等. 盐城海滨湿地盐沼植被对土壤碳氮分布特征的影响 [J]. 应用生态学报，2009，20（2）：293-297.

[126] 邵学新，杨文英，吴明，等. 杭州湾滨海湿地土壤有机碳含量及其分布格局 [J]. 应用生态学报，2011，22（3）：658-664.

[127] 邵玉琴，敖晓兰，宋国宝，等. 皇甫川流域退化草地和恢复草地土壤微生物生物量的研究 [J]. 生态学杂志，2005，24（5）：578-580.

[128] 赵吉，郭婷，邵玉琴. 内蒙古典型草原土壤微生物生物量及其周转与流通量的初步研究 [J]. 内蒙古大学学报（自然科学版），2004，35（6）：673-676.

[129] 中国生物多样性国情研究报告编写组. 国家生物多样性研究 [M].
北京：环境出版社，1998.

[130] 许光辉，郑洪元. 土壤微生物分析方法手册 [M]. 北京：农业出版社，
1986.

[131] 邵玉琴，赵吉，韦记鹏，等. 内蒙古皇甫川不同土地利用方式下土壤
微生物数量的变化特征 [J]. 内蒙古大学学报（自然科学版），2008，
39（4）：435-439.

[132] 赵吉. 不同放牧率对冷蒿小禾草草原土壤微生物数量和生物量的影响
[J]. 草地学报，1999，7（3）：223-227.

[133] 郑华，欧阳志云，王效科，等. 不同森林类型对微生物群落的影响 [J].
应用生态学报，2004，15（11）：2019-2024.

[134] 宇传华. SPSS 与统计分析 [M]. 北京：电子工业出版社，2007.

[135] 张国胜，李林，汪青春，等. 青海高原冻土退化驱动因素的定量辨识
[J]. 地理科学，2007，27（3）：337-341.

[136] 赵彦锋，郭恒亮，孙志英，等. 基于土壤学知识的主成分分析判断土
壤重金属来源 [J]. 地理科学，2008，28（1）：45-50.

[137] 韩晓增，王守宇，宋春雨，等. 土地利用/覆盖变化对黑土生态环境的
影响 [J]. 地理科学，2005，25（2）：203-208.

[138] 郭滨，毕玉芬，龙光强，等. 不同植被恢复措施下退化灌草丛草地土
壤理化性状的评价 [J]. 云南农业大学学报，2008，23（2）：195-199.

[139] 陈效逑，郑婷. 内蒙古典型草原地上生物量的空间格局及其气候成因
分析 [J]. 地理科学，2008，28（4）：369-374.

[140] 陈陵康，郭建秋，顾延生，等. 西藏拉萨桑达地区第四纪植硅体组合
特征 [J]. 地理科学，2008，28（4）：402-406.

[141] 杨艳丽，史学正，于东升，等. 区域尺度土壤养分空间变异及其影响
因素研究 [J]. 地理科学，2008，28（6）：788-792.

［142］李阳兵，高明，邵景安，等. 岩溶山区不同植被群落土壤生态系统特性研究［J］. 地理科学，2005，25（5）：606-613.

［143］刘宇，匡耀求，吴志峰，等. 不同土地利用类型对城市地表温度的影响［J］. 地理科学，2006，26（5）：597-602.

［144］Muyzer G, de Waal E, Uitterlinden A. Profiling of complex microbial populations by denaturing gradient gel electrophoresis analysis of polymerase chain reaction-amplified genes coding for 16S rRNA［J］. Appl Environ Microbiol, 1993, 59(3): 695-700.

［145］Liu W T, Marsh T L, Cheng H, et al. Characterization of microbial diversity by determining terminal restriction fragment length polymorphisms of genes encoding 16S rRNA［J］. Appl Environ Microbiol, 1997, 63(11): 4516-4522.

［146］Stackebrandt E, Liesack W, Goebel B M. Bacterial diversity in a soil sample from a subtropical Australian environment as determined by 16S rDNA analysis［J］. The FASEB Journal, 1993, 7: 232-236.

［147］Hahn D, Amann R I, Ludwig W, et al. Detection of microorganisms in soil after in situ hybridization with rRNA-targeted, fluorescently labelled oligonucleotides［J］. Microbiology, 1992, 138: 879-887.

［148］Qian P, Wang Y, Lee O, et al. Vertical stratification of microbial communities in the Red Sea revealed by 16S rDNA pyrosequencing［J］. ISME J, 2010, 5: 507-518.

［149］Teske A, Sørensen K B. Uncultured archaea in deep marine subsurface sediments: have we caught them all?［J］ISME J, 2008, 2: 3-18.

［150］Roesch L, Fulthorpe R, Riva A, et al. Pyrosequencing enumerates and contrasts soil microbial diversity［J］. ISME J, 2007, 1: 283-290.

［151］Claesson M, O'Sullivan O, Wang Q, et al. Comparative analysis of pyrosequencing and a phylogenetic microarray for exploring microbial community structures in the human distal intestine [J]. PLoS One, 2009, 4(8): e6669.

[152] Li J Y, Li B, Zhou Y, et al. A Rapid DNA extraction method for PCR amplification from wetland soils [J]. Letters in Applied Microbiology, 2011, 52(6): 626-633.

[153] Schloss P D, Westcott S L, Ryabin T, et al. Introducing mothur: Open-source, platform-independent, community-supported software for describing and comparing microbial communities [J]. Appl Environ Microbiol, 2009, 75: 7537-7541.

[154] Good I L. The population frequencies of species and the estimation of population parameters [J]. Biometrika, 1953, 40: 237-264.

[155] Roesch L F, Fulthorpe R R, Riva A, et al. Pyrosequencing enumerates and contrasts soil microbial diversity [J]. ISME, 2007, 1: 283-290.

[156] Hollister E B, Engledow A S, Hammett A M, et al. Shifts in microbial community structure along an ecological gradient of hypersaline soils and sediments [J]. ISME, 2010, 4: 829-838.

[157] Will C, Thurmer A, Wollherr A, et al. Horizon-specific bacterial community composition of German grassland soils, as revealed by pyrosequencing-based analysis of 16S rRNA genes [J]. Appl Environ Microbiol, 2010, 76: 6751-6758.

[158] Janssen P H. Identifying the dominant soil bacterial taxa in libraries of 16S rRNA and 16S rRNA genes [J]. Appl Environ Microbiol, 2006, 72: 1719-1728.

[159] Nacke H, Thurmer A, Wollherr A, et al. Pyrosequencing-based assessment of bacterial community structure along different management types in

german forest and grassland soils ［J］. PLoS ONE, 2011, 6(2): e17000.

［160］ Hubert C R, Oldenburg T B, Fustic M, et al. Massive dominance of Epsilon-proteobacteria in formation waters from a Canadian oil sands reservoir containing severely biodegraded oil ［J］. Environ Microbiol, 2011, 14: 387-404.

［161］ Sessitsch A, Weilharter A, Gerzabek M H, et al. Microbial population structures in soil particle size fractions of a long-term fertilizer field experiment ［J］. Appl Environ Microbiol, 2001, 67: 4215-4224.

［162］ Rousk J, Baath E, Brookes P, et al. Soil bacterial and fungal communities across a pH gradient in an arable soil ［J］. ISME, 2010, 4: 1340-1351.

［163］ Hartman W H, Richardson C J, Vilgalys R, et al. Environmental and anthropogenic controls over bacterial communities in wetland soils ［J］. Proc Natl Acad Sci USA, 2008, 105: 17842-17847.

［164］ Tang Y S, Wang L, Jia J W, et al. Response of soil microbial community in Jiuduansha wetland to different successional stages and its implications for soil microbial respiration and carbon turnover［J］. Soil Biol Biochem, 2011, 43: 638-646.

［165］ Yu S, Ehrenfeld J G. The effects of changes in soil moisture on nitrogen cycling in acid wetland types of the New Jersey Pinelands(USA)［J］. Soil Biol Biochem, 2009, 41: 2394-2405.

［166］ Bai Y H, Shi Q, Wen D H, et al. Bacterial communities in the sediments of dianchi lake, a partitioned eutrophic waterbody in China［J］. Plos One, 2012, 7: e37796.

［167］ Sessitsch A, Weilharter A, Gerzabek M H, et al. Microbial population structures in soil particle size fractions of a long-term fertilizer field experiment ［J］. Appl Environ Microbiol, 2001, 67: 4215-4224.

［168］ Rousk J, Baath E, Brookes P, et al. Soil bacterial and fungal communities across a pH gradient in an arable soil ［J］. ISME, 2010, 4: 1340-1351.

［169］ Gudasz C, Bastviken D, Premke K, et al. Constrained microbial processing of allochthonous organic carbon in boreal lake sediments ［J］. Limnol Oceanogr, 2012, 57: 163-175.

附录　乌梁素海湿地样点照片

芦苇群落

盐爪爪群落

碱蓬群落

白刺群落

TS 样点

HGB 样点

BW1 样点

BW2 样点

XHK 样点